普通高等院校网络与新媒体专业系列教材

Data Visualization

数据可视化

王国燕 金心怡 编著

清华大学出版社
北京

内 容 简 介

本书为网络与新媒体专业系列教材之一，按照数据可视化的实际流程编排，涵盖了数据获取和处理、数据呈现、数据可视化设计技巧与原则、数据可视化工具、数据可视化陷阱等内容。本书通过理论与实践并重的内容设计，基于对跨领域的数据可视化案例的分析，为读者提供了一个全面且实用的数据可视化指南，帮助读者掌握数据可视化的核心概念、技巧和工具，以便将数据转化为清晰、有力的视觉表达。

本书既可以作为初学者的领路手册，也适合数据分析师、视觉设计师等相关人员阅读。

本书封面贴有清华大学出版社防伪标签，无标签者不得销售。
版权所有，侵权必究。举报：010-62782989，beiqinquan@tup.tsinghua.edu.cn。

图书在版编目(CIP)数据

数据可视化 / 王国燕，金心怡编著. —北京：清华大学出版社，2024.3
普通高等院校网络与新媒体专业系列教材
ISBN 978-7-302-65577-0

Ⅰ.①数… Ⅱ.①王… ②金… Ⅲ.①可视化软件—数据处理—高等学校—教材 Ⅳ.① TP317.3

中国国家版本馆 CIP 数据核字 (2024) 第 045848 号

责任编辑：	施 猛 张 敏
封面设计：	常雪影
版式设计：	孔祥峰
责任校对：	马遥遥
责任印制：	曹婉颖

出版发行：清华大学出版社
    网　　址：https://www.tup.com.cn, https://www.wqxuetang.com
    地　　址：北京清华大学学研大厦 A 座　　　邮　　编：100084
    社 总 机：010-83470000　　　　　　　　邮　　购：010-62786544
    投稿与读者服务：010-62776969, c-service@tup.tsinghua.edu.cn
    质 量 反 馈：010-62772015, zhiliang@tup.tsinghua.edu.cn
印 装 者：三河市铭诚印务有限公司
经　　销：全国新华书店
开　　本：185mm×260mm　　印　　张：14　　字　　数：307 千字
版　　次：2024 年 5 月第 1 版　　印　　次：2024 年 5 月第 1 次印刷
定　　价：69.80 元

———————————————————————————————————————

产品编号：099470-01

普通高等院校网络与新媒体专业系列教材编委会

主编｜王国燕

编委（按照姓氏拼音排序）

曹云龙	江苏师范大学
陈 强	西安交通大学
崔小春	苏州大学
丁文祎	苏州大学
杜志红	苏州大学
方付建	中南民族大学
龚明辉	苏州大学
金心怡	苏州大学
匡文波	中国人民大学
刘英杰	苏州大学
罗 茜	苏州大学
曲 慧	北京师范大学
王 静	苏州大学
许静波	苏州大学
许书源	苏州大学
于莉莉	苏州大学
喻国明	北京师范大学
曾庆江	苏州大学
张 健	苏州大学
张 可	苏州大学
张燕翔	中国科学技术大学
周荣庭	中国科学技术大学
周 慎	中国科学技术大学

序　言

当今世界，媒介融合趋势日益凸显，移动互联网的快速普及和智能媒体技术的高速迭代，特别是生成式人工智能(artificial intelligence generated content，AIGC)推动着传媒行业快速发展，传媒格局正在发生深刻的变革，催生了新的媒体产业形态和职业需求。面对这一高速腾飞的时代，传统的人文学科与新兴的技术领域在"新文科"的框架下实现了跨界融合，面向智能传播时代的网络与新媒体专业人才尤为稀缺，特别是在"新文科"建设和"人工智能+传媒"的教育背景下，社会对网络与新媒体专业人才的需求呈现几何级增长。

教育部于2012年在本科专业目录中增设了网络与新媒体专业，并从2013年开始每年批准30余所高校设立网络与新媒体专业，招生人数和市场需求在急速增长，但网络与新媒体专业的教材建设却相对滞后，教材市场面临巨大的市场需求和严重的供应短缺，亟需体系完备的网络与新媒体专业教材。2022年春天，受清华大学出版社的热情邀约，苏州大学传媒学院联合中国科学技术大学、西安交通大学、中国人民大学、北京师范大学等多所网络与新媒体专业实力雄厚的兄弟院校，由这些学校中教学经验丰富的一线学者组成系列教材编写团队，共同开发一套系统、全面、实用的教材，旨在为全国高等院校网络与新媒体专业人才培养提供系统化的教学范本和完善的知识体系。

苏州大学于2014年经教育部批准设立网络与新媒体专业，是设置网络与新媒体专业较早的高校。自网络与新媒体专业设立至今，苏州大学持续优化本科生培养方案和课程体系，已经培养了多届优秀的网络与新媒体专业毕业生。

截至2024年初，"普通高等院校网络与新媒体专业系列教材"已确认列选22本教材。本系列教材主要分为三个模块，包括教育部网络与新媒体专业建设指南中的绝大多数课程，全面介绍了网络与新媒体领域的核心理论、数字技术和媒体技能。模块一是专业理论课程群，包括新媒体导论、融合新闻学、网络传播学概论、网络舆情概论、传播心理学等课程，这一模块将帮助学生建立起对网络与新媒体专业的基本认知，了解新媒体与传播、社会、心理等领域的关系。模块二是数字技术课程群，包括数据可视化、大数据分析基础、虚拟现实技术及应用、数字影像非线性编辑等课程，这一模块将帮助学生掌握必备的数据挖掘、数据处理分析以及可视化实现与制作的技术。模块三是媒体技能课程群，包括网络直播艺术、新媒体广告、新媒体产品设计、微电影剧本创作、短视频策划实务等课程，这一模块着重培养学生在新媒体环境下的媒介内容创作能力。

本系列教材凝聚了众多网络与新媒体领域专家学者的智慧与心血，注重理论与实践相结合、教育与应用并重、系统知识与课后习题相呼应，是兼具前瞻性、系统性、知识性和实操性的教学范本。同时，我们充分借鉴了国内外网络与新媒体专业教学实践的先进经验，确保内容的时效性。作为一套面向未来的系列教材，本系列教材不仅注重向学生传授专业知识，更注重培养学生的创新思维和专业实践能力。我们深切希望，通过对本系列教材的学习，学生能够深入理解网络与新媒体的本质与发展规律，熟练掌握相关技术与工具，具备扎实的专业素养和专业技能，在未来的媒体岗位工作中熟练运用专业技能，提升创新能力，为社会做出贡献。

最后，感谢所有为本系列教材付出辛勤劳动和智慧的专家学者，感谢清华大学出版社的大力支持。希望本系列教材能够为广大传媒学子的学习与成长提供有力的支持，日后能成为普通高等院校网络与新媒体专业的重要教学参考资料，为培养中国高素质网络与新媒体专业人才贡献一份绵薄之力！

2024年5月10日于苏州

前　言

　　21世纪是数据爆炸的时代，随着移动互联网、物联网、云计算等各种数字技术的发展，每天都有数以亿计的数据点被生产和收集。从商业决策到科研探索，从政策制定到内容传播，数据已经渗透到了生活的每一个角落。党的二十大报告指出，要加快建设数字中国，当下数据要素已经成为核心战略资源。习近平总书记强调，"数据作为新型生产要素，是数字化、网络化、智能化的基础"，发挥数据要素价值是推进数字中国建设的关键路径。但是数据本身没有实际价值，只有通过组织、解释、应用和内化，将其转化为信息、知识和智慧，才能真正获得生命力。过去，数据的记录和传递主要依靠文字和语言，但随着大数据的兴起，单纯的文字描述已经无法满足人们的需求。面对海量、多维、实时的大数据，数据可视化是一种强大的工具，帮助我们快速、直观地解读复杂的数据集，洞察数据中的趋势、模式和异常。

　　当下，公共卫生、政治选举、生态环境等社会议题使公众更加关注数据，企业和政府也越来越意识到数据驱动决策的重要性，对数据可视化的需求日益增长。加之数据可视化工具和智能设备不断成熟，数据可视化的呈现和互动形式层出不穷，并在社交媒体上广泛传播。面对这一传媒生态的变革，许多院校已经认识到数据可视化在新闻报道、媒体研究等方面的价值，将开设数据可视化的相关课程提上了日程。然而，系统、深入地教授数据可视化理念和技能的教材仍然相对匮乏，编写本书即是为了解决这一问题。

　　数据可视化是一个系统性的过程，以原始数据为基础，以数据流为导向，最终输出经过转换、编码、设计的视觉表达，包括定义目标、数据采集、数据处理、可视化映射、可视化设计、可视化实现和传播等环节。本书主要按照数据可视化的实践流程来编排章节，力图用丰富的内容、简洁的语言和生动的形式教授数据可视化相关的核心知识，确保读者能够快速入门，掌握数据可视化的原理和技巧，并通过实践与应用转化为实际技能。

　　本书的创新之处主要体现在以下三个方面。

　　第一，本书为读者提供了一个完整的、系统的数据可视化视角。很多教材可能只聚焦于数据可视化的某一方面，而本书涵盖了数据可视化的全流程，不仅重视数据可视化的设计与实现，还强调前期的数据处理工作。不同类型的读者群体都可以从本书中受益，初学者可以从第1章开始系统地学习，而有经验的设计者可以直接跳到他们感兴趣的部分，如数据可视化工具、技巧或陷阱。

第二，本书更偏向于实用主义，不仅介绍数据可视化相关的概念与原则，还提供具体的工具操作教学，使读者能够直接将所学应用于实践。此外，本书还提供了丰富的、跨领域的数据可视化案例，这些案例不仅可以帮助读者更好地理解抽象的概念，展示技术如何应用于实际场景，还可以为读者提供灵感和设计思路。

第三，本书以二维码的形式呈现可视化案例，读者用手机"扫一扫"即可查看。以往一些复杂的可视化效果或互动体验可能难以在纸质书籍中展现，而二维码提供了一个展示这些内容的途径，将实体内容与数字世界连接起来，鼓励读者进行自由探索，使其形成一种更为主动的学习模式。

总体来说，本书提供了一个全面且实用的数据可视化指南，希望每一位读者都能有所收获。

在本书付梓之际，要特别感谢苏州大学传媒学院研究生张卓越、耿彤、王文静、江苇妍、孙瑞鸽、高川雁等同学！她们为本书的成稿、校正付出了非常多的心血。

由于编者水平所限，书中难免有不足之处，还请广大读者批评指正。反馈邮箱：shim@tup.tsinghua.edu.cn。

2023.11.16

目 录

第1章 数据可视化概述 ……………001
  1.1 理解数据 …………………001
    1.1.1 数据的概念 ………………001
    1.1.2 数据类型 …………………001
    1.1.3 数据模型 …………………002
    1.1.4 数据的作用与价值 ………003
  1.2 数据可视化基础 ……………004
    1.2.1 数据可视化的概念 ………004
    1.2.2 数据可视化的发展历程 …004
    1.2.3 数据可视化的分类及其
        应用 ……………………007
    1.2.4 数据可视化的作用 ………008
    1.2.5 数据可视化的发展趋势 …009
  1.3 数据可视化原理 ……………010
    1.3.1 视觉感知处理过程 ………010
    1.3.2 视觉通道 …………………011
  1.4 数据可视化的流程 …………012
    1.4.1 数据可视化设计的层次 …012
    1.4.2 数据可视化的实践步骤 …013

第2章 数据获取与处理 ……………017
  2.1 获取数据的主要途径 ………017
    2.1.1 公开数据获取 ……………017
    2.1.2 网络爬虫 …………………021
    2.1.3 社会调研 …………………023

    2.1.4 数据埋点 …………………024
  2.2 数据清洗 ……………………025
    2.2.1 数据审查 …………………025
    2.2.2 "脏数据"与数据清洗 …025
    2.2.3 数据清洗的常用工具 ……026
    2.2.4 OpenRefine数据清洗教程…026
  2.3 数据分析 ……………………036
    2.3.1 数据分析的类型 …………037
    2.3.2 数据分析的常用工具 ……037
    2.4.3 Excel数据处理与分析
        教程 ……………………038

第3章 数据呈现 ……………………047
  3.1 数据可视化的基本组件 ……047
    3.1.1 视觉暗示 …………………047
    3.1.2 坐标系 ……………………054
    3.1.3 标尺 ………………………056
    3.1.4 背景信息 …………………057
  3.2 数据呈现的形式 ……………057
    3.2.1 静态可视化 ………………058
    3.2.2 动态可视化 ………………062
    3.2.3 交互可视化 ………………064
  3.3 可视化方式的选择 …………068
    3.3.1 文本数据可视化 …………068
    3.3.2 分类数据可视化 …………074

3.3.3　关系数据可视化 …………077
　　3.3.4　时序数据可视化 …………081
　　3.3.5　空间数据可视化 …………082

第4章　数据可视化设计原则与技巧 ……………085

4.1　数据可视化设计的原则 ………085
　　4.1.1　爱德华·塔夫特原则 ………085
　　4.1.2　格式塔原则 ………………087
4.2　数据可视化设计的思路 ………093
4.3　数据可视化设计技巧 …………099
　　4.3.1　色彩 ………………………099
　　4.3.2　字体 ………………………105
　　4.3.3　版式设计 …………………106
　　4.3.4　交互设计 …………………109

第5章　数据可视化工具 ……………120

5.1　常用工具简介 …………………120
　　5.1.1　开箱即用的可视化软件 …120
　　5.1.2　润色外观的绘图工具 ……121
　　5.1.3　自定义的编程工具 ………122
　　5.1.4　地图绘制工具 ……………122
　　5.1.5　人工智能工具 ……………123
5.2　Excel数据可视化 ……………126
　　5.2.1　图表的构成 ………………126
　　5.2.2　数据转换和分析 …………129
　　5.2.3　Excel可视化应用案例 ……132
5.3　Tableau数据可视化 …………139
　　5.3.1　Tableau可视化的4个层次 …139
　　5.3.2　数据准备 …………………139
　　5.3.3　创建工作表 ………………144
　　5.3.4　创建仪表板 ………………162
　　5.3.5　创建故事 …………………169
　　5.3.6　导出与发布 ………………179
5.4　ECharts数据可视化 …………179
　　5.4.1　ECharts使用基础 …………179
　　5.4.2　搭建开发环境 ……………180
　　5.4.3　创建图表的主要步骤 ……181
　　5.4.4　操作案例：创建数据下钻的旭日图 …………………184

第6章　数据可视化陷阱 ……………189

6.1　图表使用陷阱 …………………189
6.2　数据使用陷阱 …………………200
6.3　色彩使用陷阱 …………………205
6.4　传播过程中的陷阱 ……………209

附录　数据可视化案例分析 …………211

第1章 数据可视化概述

本章将介绍数据可视化所涉及的相关概念,包括数据和数据可视化的概念、类型与价值,在此基础上梳理数据可视化的发展历程与应用趋势,并简要讲解数据可视化的视觉原理和基本流程,使读者能够对数据可视化有一个直观、全景的认识。

1.1 理解数据

数据可视化是洞察数据内涵、揭示数据规律的关键工具。在日常生活中,电视、报纸、社交媒体、书籍等媒介所展现的统计图表、地图和时间轴等,均为数据可视化的具象表达,它们作为载体,展示了数据的多样面貌。要理解数据可视化,我们首先要理解什么是数据。有些人将数据等同于电子表格,或将其视作计算机中的数据仓库。然而,这些观点仅停留在数据的呈现与存储层面,并未触及数据的本质和特定数据集所承载的意义。唯有透过现象看本质,我们才能发现数据中蕴藏的宝贵信息。

1.1.1 数据的概念

关于数据,不同的学者给出了不同的定义,大致可以分为以下几类。

(1) 数据即事实。数据是未经组织和处理的离散的、客观的观察。由于缺乏上下文和解释,数据本身并没有价值。如果将事实定义为真实的、正确的观察,那么并不是所有的数据都是事实,错误的、无意义的和非感知的数据不属于事实。

(2) 数据即信号。从获取的角度理解,数据是基于感知的信号刺激或信号输入,包括视觉、听觉、嗅觉、味觉和触觉。数据也被定义为某个器官能接收到的一种或多种能量波或能量粒子(光、热、声、力和电磁等)。

(3) 数据即符号。无论数据是否有意义,数据都可定义为表达感官刺激或感知的符号集合,即某个对象、事件或其所处环境的属性。其中的代表性符号,如单词、数字、图表和视频等,都是人类沟通的基本手段。因此,数据就是记录或保存的事件或情境的符号。

1.1.2 数据类型

数据类型是指一个值的集合和定义在这个值集上的一组操作的总称。数据类型是用来定义不同数据的表示方法。在计算机中,不同的数据占用的存储空间是不同的,为了充分利用存储空间,数据被定义为不同的类型。根据数据类型的特点,数据可以被划分为原始类型、多元组、记录单元、代数数据类型、抽象数据类型、参考类型及函数类型等。在编程语言和数据库中也有不同的数据类型，常见的主要有数值型、日期型、时间型、字符串型、逻辑型及文本型等。

从关系模型的角度讲，数据可被分为实体和关系两部分。实体是被可视化的对象；关系定义了实体与其他实体之间关系的结构和模式。关系可以直接被定义，也可以在可视化过程中逐步显现。实体或关系可以配备属性，例如，一个苹果的颜色可以看作它的属性。实体、关系和属性在数据库设计中被广泛使用，是形成关系型数据库的基础。实体关系模型能描述数据之间的结构，但不考虑基于实体、关系和属性的操作。数据属性可分为离散属性和连续属性。离散属性的取值来自有限或可数的集合，例如邮政编码、一个班级的人数等；连续属性则对应于实数域，例如温度、高度和湿度等。在测量和计算机表示时，实数表示的精度受限于所采用的数值精度(例如，双精度浮点数采用64位)。

1.1.3 数据模型

在信息管理、信息系统和知识管理学科中，最基本的数据模型是"数据、信息、知识、智慧(data-information-knowledge-wisdom, DIKW)"层次模型(见图1-1)，它以数据为基层架构，按照信息流顺序依次完成数据到智慧的转换，四者之间的结构关系和功能关系构成了信息科学的基础理论。

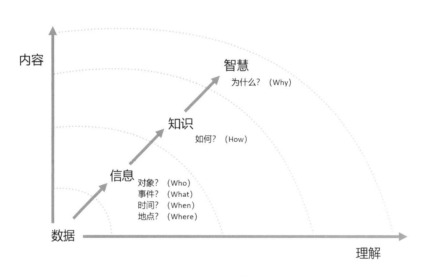

图1-1 DIKW层次模型

(图片来源：MBA智库百科)

1. 数据转化为信息

信息是被赋予了意义和目标的数据。信息和数据的区别在于，数据没有经过组织或解释，可能无法直接提供有价值的洞察，而信息可以赋予数据生命力，辅助用户决策或行动。简单来说，数据是原始的输入，而信息是对这些输入进行处理和解释后的输出。信息具有以下两类特性。

(1) 结构性与功能性。结构性体现在信息的层次关系、组织形式、分类方式等方面，结构化的信息能够降低用户的理解负担。功能性体现在信息的交互性、可操作性、实用性等方面，指的是信息够实现特定的功能，满足用户的需求。

(2) 象征性与主体性。信息通常以符号的形式表示某种现实对象、概念或事件，这些符号具有象征性，可以用来传达特定的意义。而对意义的理解取决于信息接收者的主观解释，受到经验、价值观等因素的影响。因此，信息的主体性意味着信息的意义是相对的，而不是绝对的。这两个概念强调了信息与现实世界之间的交互性。信息通过象征性与客观世界相联系，又通过主体性与接收者的主观认知相联系。

2. 数据转化为知识

知识是一个意会的、难以描述和定义的概念，包括个体或社会对信息进行深入理解、解释和应用后形成的观念、理论、原则、技能等。知识是对信息的内化和整合，是基于经验和推理得出的对现实世界的认识，具有一定的普适性。从数据到信息再到知识，是一个逐步深入和抽象的过程。

3. 数据转化为智慧

智慧是对知识的进一步应用和反思，智慧并不仅仅是积累大量的知识，更重要的是能够理解和运用这些知识来处理现实生活中的复杂情况和挑战，做出明智的决策，以及对结果进行反思和学习。总体来说，如果将数据、信息、知识看作知识管理的各个层次，智慧就是这个层次结构的最高层。

1.1.4 数据的作用与价值

数据在现代社会中扮演了至关重要的角色，具有广泛的应用价值。

(1) 获取知识。通过数据，我们可以得到新的知识和洞见，深化对世界的理解。

(2) 提供决策依据。无论是商业决策、政策制定，还是日常生活中的选择，数据都能给我们提供强有力的支持，帮助我们更科学、更理性地做出决策。

(3) 发现问题。通过对数据的观察和分析，我们能发现问题，如通过分析市场数据发现产品或服务的需求缺口，通过分析员工绩效数据发现人力资源管理问题等。

(4) 预测未来。通过分析历史数据，我们可以构建模型，预测未来某一现象的趋势，如销售预测、天气预报等。

(5) 创新发展。数据是机器学习和人工智能等新兴技术的基础，这些技术的发展为社会带来了巨大的变革和价值。

除了向外的探索，数据可视化在向内的挖掘中也体现出独特的作用。当数据被注入创作者的意图,并赋予其想象力与情感,就会变得无比鲜活,例如个人可以利用情感追踪应用记录自己的心情波动和情绪变化,然后通过数据可视化工具将情感数据的变化转化为不同色调、明暗、纹理的艺术作品,直观地展现情感体验和心理状态。

总之,数据不仅仅是数字而已。与照片捕捉了瞬间的情景一样,数据是现实生活的一种映射,其中隐藏着许多故事,数字之间存在着实际的意义、真相和美学。数据可视化的目的就是"让数据说话",而要实现这一目标,我们必须采用恰当的方法收集、管理和分析数据,从而最大程度地挖掘并展现其潜在价值。此外,数据的使用也需要考虑到隐私和伦理等问题,以确保其在带来价值的同时,不侵犯个人权益。

1.2 数据可视化基础

1.2.1 数据可视化的概念

数据可视化是将数据转换为图形或图表的理论、方法和技术,是人们理解数据、诠释数据的重要手段和途径。从本质上讲,数据可视化帮助用户认知数据,进而发现这些数据所反映的实质,最终发现问题和机会,促进决策和创新。

与传统的立体建模之类的特殊技术方法相比,数据可视化所涵盖的技术方法要广泛得多,它涉及计算机视觉、图像处理、计算机辅助设计、计算机图形学等多个领域,并逐渐成为一项研究数据表示、数据综合处理、决策分析等问题的综合技术。

1.2.2 数据可视化的发展历程

数据可视化随着图形处理技术和计算机技术的进步不断演化,经历了从简单图表到复杂图形、从手工绘制到计算机生成的演变过程。数据爆炸、需求增长、跨学科合作和开放数据运动等多个方面共同推动了数据可视化技术的快速发展和广泛应用。

1. 10世纪——数据可视化的起源

在远古时期,我们的祖先就已经开始使用图画来表达自己对周边生活环境的认知,他们将人、鸟、兽、草、木等事物以及狩猎、耕种、出行、征战、搏斗、祭祀等日常活动刻画在石壁上,以记录故事和传承经验。数据可视化的作品最早可追溯到10世纪,从那时起人们就开始使用包含等值线的地磁图以及用以表示海上主要风向的箭头图和天象图。

2. 14—17世纪——数据可视化的早期探索

14世纪,欧洲进入文艺复兴时期,随着各种测量技术的出现,早期的数学坐标图表诞生。法国哲学家、数学家笛卡儿创立了解析几何,将几何曲线与代数方程相结合,正式开启数据可视化之门。16世纪,人们对于地理、天文、医学等领域的研究日益深入,开始采用手工绘制的方式制作几何图表和地图,以呈现他们的观测数据和研究成果。图1-2是人类历史上第一幅城市交通图,为我们展现了古罗马城的交通状况。

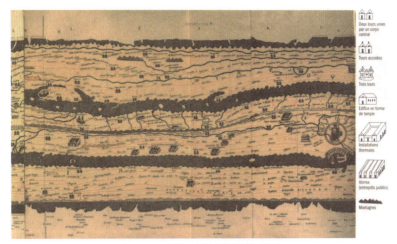

图1-2　古罗马城的交通状况图

17世纪,物理基本量(时间、距离和空间)的测量设备与理论不断完善,与此同时,制图学也随着分析几何、概率论、人口统计方法的发展而迅速成长。17世纪末,已经产生了基于真实测量数据的可视化方法。如图1-3展示的太阳黑子随时间变化图,在一个视图上含有多个小图序列,这也是现代可视化技术中邮票图表法(small multiples)的雏形。

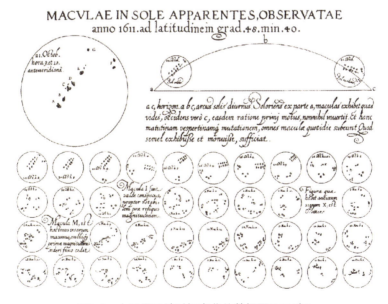

图1-3　太阳黑子随时间变化的数据图(1626年)

3. 18—19世纪——最早的地图和图表产业

18世纪是统计图形学的繁荣时期,随着统计学的诞生与发展,人们开始重视数据的价值，人口、商业、农业等经验数据开始被系统地收集、记录、整理，各种图表应运而生。经济学家威廉·普莱费尔(William Playfair，1759—1823)创造了如今我们熟知的几种基本图表——折线图、条形图、饼图。他在1786年出版的《商业和政治图解》(The Commercial and Political Atlas)一书中，首次以条形图的形式呈现了英国进出口贸易统计数据，如图1-4所示。

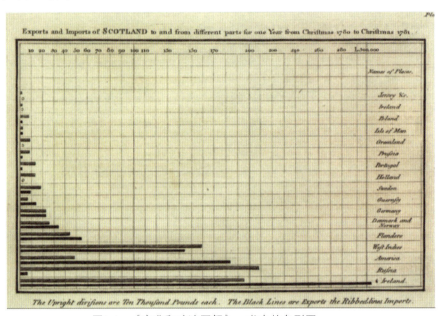

图1-4　《商业和政治图解》一书中的条形图

随着工业革命的深化与工艺设计的完善，19世纪上半叶，人们已经掌握了整套统计数据可视化工具，包括柱状图、饼图、直方图、折线图、时间线、轮廓线等。随着社会、地理、医学和经济领域统计数据的增多，催生了将国家统计数据与可视化表达融合于地图之上的新思维。这种新思维在政府规划与运营中发挥了重要作用。

4. 21世纪——数据可视化进入读图时代

21世纪以来，计算机技术获得了长足的发展，数据规模呈指数级增长，数据类型不断丰富，给人们提供了新的可视化素材，数据可视化依附计算机科学与技术拥有了新的生命力，极大地改变了人们分析和研究世界的方式。

用户在互联网上的在线行为提供了丰富的个体数据，成为现代数据可视化的重要来源，包括基本信息(如性别、年龄、国籍、职业、教育背景等)、浏览记录(如个体访问过的网站、点击过的链接、在页面上停留的时间等)、购买行为(如在电商平台上的购物记录等)、社交媒体活动(如评论、点赞、分享等)、搜索记录(如搜索引擎上的搜索关键词)、地理位置(如GPS坐标、移动速度等)……通过应用程序接口(API)，数据可视化创作者能够便捷地获取这些数据。例如数据可视化 JS API是基于腾讯位置服务JavaScript API GL实现的专业地理空间数据可视化渲染引擎。通过JS API，可以实现轨迹数据、坐标点数据、热力、迁徙、航线等空间数据的可视化展现(如图1-5所示)。

图1-5 通过JS API生成的散点地图

1.2.3 数据可视化的分类及其应用

1. 科学可视化(scientific visualization)

科学可视化是可视化领域最早、最成熟的一个跨学科研究与应用方向，主要关注物理、化学、生物、地球科学等领域的空间数据与三维现象的可视化，旨在帮助科学家和研究人员通过数据寻找模式、关系以及异常情况，以解释复杂的科学现象、发现其中的规律。鉴于数据的类别可分为标量(密度、温度)、向量(风向、力场)、张量(压力、弥散)，科学可视化也可粗略地分为标量场可视化、向量场可视化与张量场可视化三类。而随着数据的复杂性提高，一些带有语义的信号、文本、影像等也成为科学可视化的处理对象，并且其呈现空间更为多样。

科学可视化主要以图形方式说明数据，使科学家从数据中了解和分析规律。科学可视化历史悠久，甚至在计算机技术广泛应用之前人们就已经了解了视/知觉在理解数据方面的作用。目前，科学可视化的实施主要是从模拟或扫描设备获取的数据中找寻曲面、流动模型以及它们之间的空间联系，重点在于对客观事物的体、面及光源等进行逼真的渲染。

2. 信息可视化(information visualization)

信息可视化是一种呈现技术，能够将抽象的数据(如文本、网络和层次结构)以图形的形式表示出来。传统的信息可视化起源于统计图形学，与信息图形、视觉设计等领域密切相关，人们日常工作中使用的柱状图、趋势图、流程图、树状图等都属于信息可视化，其表现形式通常是二维的，因此信息可视化时需要考虑的关键问题是如何在有限的展现空间中传达大量的抽象信息。因为信息可视化方式的选择与数据类型紧密相关，所以信息可视化通常按数据类型可以大致分为时空数据可视化、层次与网络结构数据可视化、文本和跨媒体数据可视化与多变量数据可视化。

与科学可视化相比，信息可视化更关注抽象、高维数据。科学可视化处理的数据具有天然几何结构(如磁感线、流体分布等)，而信息可视化侧重于抽象数据结构(如非结构化文本或者高维空间当中的点，这些点并不具有固有的二维或三维几何结构)。信息可视化的数据通常不具备空间位置的属性，因此要根据特定数据分析的需求决定数据元素在空间的布局。

3. 可视分析学(visual analytics)

进入21世纪，现有的可视化技术已难以应对海量、多元和动态数据的分析挑战，需要综合计算机科学、传播学、认知心理学等领域的方法，利用交互式工具和技术来支持用户对数据进行探索，辅助用户从大尺度、复杂、矛盾甚至不完整的数据中快速挖掘有用的信息，以便做出有效决策。这门新兴的学科被称为可视分析学，其理论基础和研究方法尚处于探索阶段。

作为一门综合性学科，可视分析学涉及多个领域：可视化领域的信息可视化、科学可视化与计算机图形学；数据分析领域的信息获取、数据处理和数据挖掘；信息交互领域的人机交互、认知科学和感知科学等。可视化分析是科学可视化与信息可视化领域发展的产物，侧重于借助交互式的用户界面进行数据的分析与推理。图1-6显示了可视分析学的学科交叉组成。

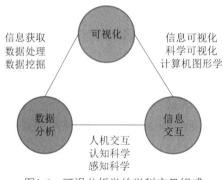

图1-6 可视分析学的学科交叉组成

1.2.4 数据可视化的作用

根据DIKW模型，用户通过数据可视化获取信息和知识，并在内化和反思中将其转化为智慧。从宏观角度来看，数据可视化具有信息记录、信息分析和信息传播三个作用。

1. 信息记录

如同早期人类通过在石板、甲骨上画画和写字来记录信息一样，在数据可视化的应用早期，其主要功能是记载重要的信息。例如意大利科学家伽利略通过手绘可视化图表记录月亮周期变化，达·芬奇绘制人头盖骨用以记录其科学发现等。大量的、高维度的复杂数据可能难以通过文本或表格形式来记录,而数据可视化可以将这些复杂的数据转化为易于理解的图形,使信息记录更为直观和高效,提高信息的留存率。

2. 信息分析

数据分析的目的通常包括定位、识别、区分、分类、聚类、分布、排列、比较、关联等。数据可视化可以帮助我们快速地识别数据中的模式和趋势。例如,线形图可以清晰地展示时间序列数据的变化趋势,散点图可以揭示两个变量之间的相关关系,而热力图可以呈现高维度数据的集群模式。通过动态和交互式的数据可视化工具,我们还可以从不同的角度和层次对数据进行个性化的探索和分析。

3. 信息传播

俗语说"百闻不如一见""一图胜千言",人的视觉感知是最主要的信息获取途径,70%的外界信息是由视觉通道输入的。在视觉转向的时代,良好的数据可视化设计可以吸引人们的注意力,从而提高信息的点击率和分享率。此外,交互式的数据可视化还提高个体的参与度,使人们更深入地理解和记忆信息。例如,Foldit是一款多用户在线网络游戏(见图1-7)。Foldit让玩家从半折叠的蛋白质结构起步,根据简单的规则扭曲蛋白质,使之成为理想的形状。实验结果表明,玩家预测出正确的蛋白质结构的速度比任何算法都快,而且能凭直觉解决计算机没办法解决的问题。这表明,在处理某些复杂的科学问题上,人类的直觉胜于机器智能,也证明可视化、人机交互技术等在协同式知识传播与科学发现中具有重要作用。

图1-7　Foldit中文版网页截图

1.2.5　数据可视化的发展趋势

随着大数据时代的到来,数据可视化正在迎来以下新的趋势和挑战。

(1) 实时数据可视化。实时数据分析在许多领域变得越来越重要,包括金融、电信、社交媒体等。实时数据可视化工具能够帮助用户快速理解和响应数据中的变化,如监控交易活动、网站流量、社交媒体趋势等。

(2) 大规模数据可视化。传统的可视化工具可能难以处理大规模的数据集,新的数据可视化工具和技术正在被开发出来，以支持大规模数据的可视化，如使用云计算和并行计算，以及使用数据抽样和聚合等技术。

(3) 机器学习和人工智能的集成。机器学习和人工智能可以提供更深入、更精准的数据洞察，并进行智能的数据分析和预测，实现自动化的报告生成和决策支持。

(4) 强互动数据可视化。随着动态数据和实时分析的普及，数据可视化的交互性变得越来越重要，传感器技术和信息技术的发展带来了越来越有趣、越来越真实的交互体验，如数据可视化和增强现实、虚拟现实的融合让用户能够在具体的情境中探索数据背后的意义。

但与此同时，面对数据量的急剧增长、数据复杂程度的飞速上升，围绕数据可视化的各个方面仍旧存在着许多问题。

一是数据质量和准确性。海量的数据中可能掺杂着噪声、缺失值和异常值，这些问题直接影响到数据可视化的效果。我们需要有效的数据清理和预处理方法来提高数据的质量和准确性。

二是数据安全和隐私。大数据通常包含敏感信息，如个人信息、商业秘密等。在进行数据可视化时，我们需要保护数据的安全和隐私，如使用匿名化、脱敏化和数据聚合等方法。

三是高维数据可视化。大数据通常包含多个属性，导致数据的维度很高。由于人类的视觉系统通常只能有效地理解三维空间及以下的信息，高维数据可视化面临着挑战，需要新的可视化技术和方法来解决这个问题。

四是信息过载。大数据可能会导致信息过载，即数据和信息太多，使人们难以理解和消化，这就需要清晰的信息结构和视觉设计来吸引读者的注意力，并帮助他们理解和记忆关键信息。

数据可视化领域发展迅速，新的技术和方法不断涌现。我们应该保持持续学习的态度，不断更新自己的知识库和技能库。同时我们应该积极履行社会责任，为公众提供可靠和有益的数据可视化作品。一方面，面对海量数据，我们需要确保数据的真实性和准确性，避免出现带有误导性或歧视性的信息；另一方面，应该公开数据采集和处理的过程，以及数据的使用范围和目的，增强数据的透明度，避免对数据的滥用。

1.3 数据可视化原理

1.3.1 视觉感知处理过程

在数据可视化过程中，用户是所有行为的主体，用户能通过视觉感知(visual perception)器官获取可视信息，进而编码并形成认知(cognition)。在这个过程中，感知和认知能力直接影响着信息的获取和处理，进而影响用户对外在世界环境做出的反应。感知，指人通过感觉器官在人脑中形成的对客观事务的直接反应。人类感觉器官包括眼、鼻、耳,以及遍布身体各处的神经末梢等,对应的感知能力分别被称为视觉、嗅觉、听觉和触觉等。认知,指个体对感觉信号接收、检测、转换、简约、合成、编码、储存、提取、重建、概念形成、判断和问题解决的信息加工处理过程。

人类视觉对以数字、文本等形式存在的非形象化信息的直接感知能力远远落后于对形象化视觉符号的理解。例如,人们需要有序地浏览一份数字化报表,才能获悉某一商品各月份的销量,在这个过程中还需要占用一定的大脑记忆进行存储,而采用柱状图的方式来呈现数据,用户可以快速直观地获得各月份销量的对比和变化趋势。数据可视化技术正是将数据转换为易被用户感知和认知的形式的重要手段,这个过程涉及数据处理、可视化编码、可视化呈现和可视化交互等流程,每一步都需要根据人类感知的基本原理进行设计。

1.3.2 视觉通道

视觉感知系统是迄今为止人类所知晓的具有最高处理带宽的生物系统。数据可视化的关键步骤是对数据进行编码,即将数据属性以标记呈现后,通过视觉通道控制标记的呈现方式。

1. 视觉通道的类型:定性、定量、分组

对应有序数据和分类数据,人类感知系统在获取周围信息的时候,也存在两种基本的感知模式:第一种感知模式得到的信息是关于对象本身的特征的,体现了视觉通道的定性性质或分类性质,即描述对象是什么或在哪里;第二种感知模式得到的信息是关于对象的某一属性的程度的,体现了视觉通道的定量性质或定序性质,即描述对象某一属性的具体数值是多少。另外,视觉通道的第三种性质是分组性质。分组通常是针对多个或多种标记的组合描述的。基本的分组原则是接近性:根据格式塔原理,人类的感知系统可以自动地将接近的对象理解为属于同一组。

在可视化设计中,一些视觉通道被认为属于定性的视觉通道,如形状、色调、空间位置,而大部分的视觉通道更适合于编码定量的信息,如直线长度、区域面积、空间体积、斜度、角度、颜色的饱和度和亮度等。然而,视觉通道的两类性质不具有明确的界限,例如,当对空间中的两个点到某一选定点的距离进行编码时,空间位置也能用来描述定量的数据属性。就方法学而言,定性的视觉通道适合编码分类的数据信息,定量或定序的视觉通道适合编码有序的或者数值型的数据信息,而分组的视觉通道适合对分类数据按照某种属性的相似性进行归类,以此来表现数据内在关联性。

2. 视觉通道的表现力与有效性

视觉通道的表现力,指视觉通道在编码数据信息时,需要表达且仅表达数据的完整属性。一般而言,可以从视觉通道编码信息时的精确性、可辨性、可分离性和视觉突出等方面衡量不同视觉通道的表现力。视觉通道的有效性是指该通道对用户理解和解释数

据的贡献程度。视觉通道的性质类型(定性、定量、分组)基本决定了不同的数据所采用的视觉通道，而视觉通道的表现力和有效性则指导可视化设计者如何挑选合适的视觉通道，对数据信息进行完整而具有目的性的展现。

人类感知系统对于不同的视觉通道具有不同的理解与信息获取能力，因此可视化设计者应该使用高表现力的视觉通道编码更重要的数据信息。例如，在编码数值的时候，使用长度比使用面积更加合适，因为人们的感知系统对于长度的模式识别能力要强于对于面积的模式识别能力。

1.4 数据可视化的流程

数据可视化不仅是一门技术，还是一个具有方法论的学科。因此，在实际应用中需要采用系统化的数据可视化方法与工具，保证数据可视化的完整性和准确性。本节将通过对可视化设计所遵循的多层次模型和数据可视化的实践步骤的讨论，介绍数据可视化的基本框架。

1.4.1 数据可视化设计的层次

数据可视化的设计可以简化为四个级联的层次。最外层(第一层)是概括现实生活中用户遇到的问题，称为问题刻画层；第二层是抽象层，将特定领域的任务和数据映射到抽象且通用的任务及数据类型；第三层是编码层，设计与数据类型相关的视觉编码及交互方法；最内层(第四层)是实现层，其任务是将设计好的视觉编码和交互方法应用到实际的数据集上，将设计方案转化为具体的可视化产品。各层之间是嵌套的，上游层的输出是下游层的输入，如图1-8所示。

图1-8　可视化设计的层次嵌套模型

可视化设计的层次嵌套模型使得无论各层次以何种顺序执行，都可以独立地开展和评估。实际上，这四个层次极少按严格的时序过程执行，而往往处于迭代式的完善过程中。

在第一层中，设计人员首先要根据实际问题确定可视化作品的目标领域。每个领域通常都有其特有的术语和操作流程。在通常情况下，对特定领域工作流程特征的描述是一个详细的问题集。特征描述务必细致，因为这可能决定了整个设计过程中对数据的描述。

第二层将特定领域的专有名词的描述转化为更抽象、更通用的信息可视化术语的描述。在数据抽象过程中，可视化设计人员需权衡是否将现有数据集转化为其他形式，以及使用什么样的转化方法，以便于选择合适的可视编码，完成分析任务。

第三层是可视化设计的核心内容：一方面要设计可视编码，即如何将数据映射到视觉元素，例如，使用什么类型的图形，以及如何使用颜色、大小、形状、位置等视觉属性来表征数据的不同维度和值；另一方面要考虑交互方法，关注用户如何与可视化进行交互，以探索和理解数据。为应对一些特殊需求，第二层确定的抽象任务应指导视觉编码和交互方法的选取。

第四层则是设计与前三个层次相匹配的实施方案，这一过程更侧重于细节描述。它与第三层的不同之处在于第三层确定应当呈现的内容以及如何呈现，而第四层解决的是如何完成的问题。

1.4.2 数据可视化的实践步骤

数据可视化是一个系统的流程，该流程以数据为基础，以数据流为导向，包括了数据采集、数据处理、可视化映射和用户感知等环节。总体而言，数据可视化的基本实践步骤可以被概括为数据采集、数据处理、可视化映射、用户感知(见图1-9)。

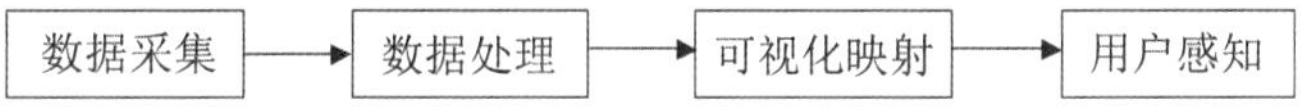

数据采集 → 数据处理 → 可视化映射 → 用户感知

图1-9　数据可视化的四个实践步骤

1. 数据采集

数据是可视化的"原材料"。数据采集是指对现实世界的信息进行采样，以获取可供计算机处理的数据的过程。目前常见的数据采集的形式分为主动采集和被动采集两种。主动采集包括访谈调查、问卷调查和实地观察等方法；被动采集包括网络爬虫、数据库查询和日志分析等方法。

2. 数据处理

数据处理可认为是可视化的前期工作，其目的是提高数据质量。数据质量的高低代表了该数据满足数据消费者期望的程度，它包括数据的完整性、有效性、准确性、一致性、可用性等方面。

- 完整性。数据完整性包含了两个层面的信息：从数据采集角度讲，所采集的数据应当包含数据源中所有的数据点；从单个数据样本角度讲，每个样本的属性都应当是完整、无误的。
- 有效性。数据有效性是对输入的数据从内容到数量上的限制。对于符合条件的数据，允许输入；对于不符合条件的数据，禁止输入。这样就可以依靠系统检查数据的有效性，避免录入错误的数据。

- 准确性。当数据的有效性得到保证后,数据是否准确地反映了现实世界的客观情况也是数据质量考查的重要内容。在数据有效性之外,还需要对数据可能存在的各种误差进行处理。
- 一致性。数据一致性是指整个数据集中的数据所使用的衡量标准应当一致,如不同公司在进行货币交易时所使用的货币单位必须统一。
- 可用性。可用性是指数据必须适合当下时间段内的分析任务,即不能使用过时的数据来进行数据分析。

数据处理通常包含数据清洗、数据集成以及数据转换等步骤。

1) 数据清洗

数据清洗是对数据进行重新审查和校验的过程,其主要目的是识别和纠正数据集中的错误、不一致和缺失值。数据清洗过程中的主要任务如下所述。

(1) 缺失数据的清洗。数据缺失在实际数据中是不可避免的问题,如果缺失数据数量较小,并且是随机出现的,对整体数据影响不大,可以直接删除;如果缺失数据总量较大,可以使用平均值、回归预测值等进行填充。

(2) 错误数据的清洗。错误数据可能是由人为因素、系统因素、传感器因素等综合作用导致的。当数据库中出现了错误数据,可用偏差分析、简单规则库(如常识性规则、业务特定规则)等方法识别可能的错误值或异常值。

(3) 重复数据的清洗。数据库中属性值相同的记录被认为是重复记录,当数据库中出现了重复数据,最常用的方式是对重复数据进行合并或者直接删除。

(4) 噪声数据的清洗。噪声数据是被测量变量的随机误差或方差,测量手段的局限性使得数据记录中总是含有噪声值。对于噪声数据,我们经常使用回归分析、离群点分析等方法来处理。

2) 数据集成

数据集成是指将来自不同来源和格式的数据合并到一个统一的数据存储中的过程。数据集成可以帮助消除数据冲突和数据孤岛,支持跨系统的数据共享和分析。

3) 数据转换

数据转换是指将清洗后的数据转换为适合分析和建模的格式和结构。这可能涉及数据的重塑、合并、拆分、聚合等操作。运用数据格式化工具和编程技巧,研究人员能将数据转化为不同的格式、满足各种需求。带分安排隔符的文本、JavaScript对象表示法(JavaScript object notation,JSON)和可扩展标记语言(extensible markup language)是三种基本的数据格式。常用的数据格式化工具包括Google Refine、Mr. Data Converter等。有些软件不善于应对大型数据,这时可以用代码进行数据格式化,使数据处理过程更加顺利,实现脚本的灵活修改与格式切换。

3. 可视化映射

可视化映射是可视化流程的核心环节，它用于把数据的值和属性，以及数据间的关系映射为可视化视觉通道中的不同元素，例如标记的位置、大小、长度、形状、方向、色调、饱和度、亮度等。一般来讲，可视化从数据映射到图形的流程如图1-10所示。

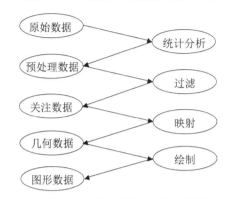

图1-10　数据可视化从数据映射到图形的流程

(1) 原始数据：加载到页面上的JSON数组(或其他非结构化数据)。

(2) 统计分析：统计函数加工数据。

(3) 预处理数据：每个视图接收到的数据。

(4) 过滤：包括行过滤、列过滤。

(5) 关注数据：对数据进行行和列的过滤后，筛选出当前图表中需要关注的数据。

(6) 映射：将数据从数值域转换为几何属性，例如点、线、路径、面积、多边形等。

(7) 几何数据：将几何属性转换成不同的几何元素。

(8) 绘制：调用绘图库，绘制出图形。

(9) 图形数据：最终形成图表。

在可视化映射过程中，需要考虑数据的类型、分布和属性重要性，根据目标读者的偏好和需求选择最合适的映射方式。

绘制可视化作品时，有些软件是开箱即用的(out-of-the-box)，如Microsoft Excel、Tableau Software等软件；还有些软件则需要一点编程技巧，利用Python、ActionScript、JavaScrip等来完成。生成图表后，可以将初稿导入设计软件(如Adobe Illustrator)中进行加工和雕琢，以满足不同的可视化需求。与默认生成的原始图表相比，经过设计的图表可以突出数据中的重要内容，帮助人们更好地理解数据，甚至还可以唤起读者的情感共鸣。具有设计感的数据图表也可以娱乐大众，既丰富多彩，又包罗万象。

4. 用户感知

用户感知是指用户对可视化作品所传达的数据信息的理解和认知。这种感知受到多种因素的影响，包括图表的设计、数据的呈现方式、用户的背景知识和经验等。

实际上，数据只是对真实生活的一种表现。当我们在可视化数据时，其实是在可视化我们身边以及这个世界上正在发生的事情。我们的观察范围可以从微小的个体延伸到广袤的宇宙。如今，我们身处的这个世界上的数据要比以往任何时候都要丰富，而且人们十分希望了解它们背后所蕴含的信息。数据可视化的工具已掌握在我们手中，现在我们可以充分发挥想象力与创造力，去揭示数据的奥秘。

课后习题

1. DIKW模型是什么？其包含哪些层次？
2. 作为数据可视化的一种，可视分析学与哪些领域有关系？
3. 随着大数据时代的到来，数据可视化迎来了哪些新的趋势和挑战？
4. 视觉通道有哪几种类型？请举例进行分析。
5. 请分别从设计层次和实践角度来简述数据可视化的基本流程。

第2章　数据获取与处理

本章将介绍数据获取与处理的相关内容，包括获取数据的主要途径、数据清洗和数据分析，通过操作与案例使读者对基础的数据清洗与数据分析软件有较为全面和清晰的认识。

2.1 获取数据的主要途径

数据可视化不是简单的视觉映射，而是一个以数据流向为主线的完整过程。俗话说"巧妇难为无米之炊"，数据采集是可视化实践中的重要一环。数据采集的方法和质量，很大程度上决定了数据可视化的选题方向与信息价值。根据数据采集的方式，获取数据的主要途径主要有公开数据获取、网络爬虫、社会调研、数据埋点等。其中，公开数据获取与网络爬虫的使用频率较高，两者所获取的数据均属二手数据。

2.1.1 公开数据获取

公开数据涉及政府公开数据、国际组织数据、企业数据、科研数据、第三方统计数据及公共数据集，以及其他垂直行业数据等。这些数据一般比较完善、质量相对较高。数据可视化初学者可以选择使用公共数据集。

1. 政府公开数据

政府公开数据的来源包括人口普查、环境监测、公共服务、经济统计等，涵盖经济、教育、健康、环境、交通、公共服务等众多领域，通常具备较高的完整性和可靠性。

(1) 国家统计局数据(http://www.stats.gov.cn/)。国家统计局主管全国统计和国民经济核算工作，覆盖面广，提供农业、生产、经济、教育、GDP、人口、就业、收支等各个方面的权威数据。数据范围精确到省、市、县三级，也有年度、月度等定期统计的数据。此外，此网站可以连接到各个国家的统计局网站，方便快捷。但是这些数据通常较为宏观，无法对其进行精细的分析，且网站不具备批量下载数据的功能。

(2) 国内地方性政府数据和其他国家政府公开数据。各个国家均设有政府相关的数据门户网站，这些网站具备实用、操作简单等共性特征，也具备各自特点。例如中国的省级统计机构网站可以通过国家统计局网站(http://www.stats.gov.cn)相关栏目查询到，并可按时间顺序或专题查询已发布的本省和所辖地级市(地区、自治州、盟)的月度、季度和年度主要指标数据。地级市(地区、自治州、盟)统计机构网站可以通过省级网站获取，一般可查询到本级和所辖区县的月度、季度和年度主要指标数据。美国政府的公开数据网站(https://www.data.gov)提供更加精细化和垂直化的各类数据，从气候到犯罪，包罗万象。新加坡政府的数据网站(https://data.gov.sg)包含形式多样的可视化设计，更具视觉美感。各个国家或地区政府开放数据门户平台及域名如表2-1所示。

此外，不同职能的政府部门也会开设自己的官方网站，此类网站数据范围集中，针对性更强。例如，截至2023年7月，美国已经开设了330余个官方数据网站，其中美国国家教育统计中心(National Center for Education Statistics, NCES)主要负责收集和分析与教育相关的数据。

表2-1 各个国家或地区政府公开数据门户平台及域名

国家或地区	门户网站域名	国家或地区	门户网站域名
阿根廷	http://www.datos.gob.ar/	德国	https://www.govdata.de/
澳大利亚	http://data.gov.au/	加纳	http://data.gov.gh
奥地利	http://data.gv.at/	希腊	http://geodata.gov.gr/geodata/
巴林	http://www.bahrain.bh/wps/portal/data/	印度	http://data.gov.in/
比利时	http://data.gov.be/	印度尼西亚	https://data.go.id
巴西	http://dados.gov.br/	爱尔兰	http://www.data.gov.ie/
加拿大	http://open.canada.ca/en	意大利	http://www.dati.gov.it/
智利	http://datos.gob.cl/	日本	http://www.data.go.jp/
中国	http://govinfo.nlc.cn/	肯尼亚	http://opendata.go.ke/
哥伦比亚	www.datos.gov.co	墨西哥	http://datos.gob.mx/
丹麦	http://digitaliser.dk/	摩洛哥	http://data.gov.ma/
爱沙尼亚	http://pub.stat.ee/px-web.2001/Dialog/statfile1.asp	荷兰	http://data.overheid.nl/
芬兰	https://www.suomi.fi/kansalaiselle	新西兰	http://www.data.govt.nz/
法国	http://data.gouv.fr/	挪威	http://data.norge.no/

2. 国际组织数据

国际组织是指两个以上国家或其政府、人民、民间团体基于特定目的，以一定协议形式而建立的各种机构，例如联合国、国际红十字会、国际奥林匹克委员会、世界贸易组织、欧洲联盟等，这些组织提供的数据具有全球性和跨国性，能够帮助我们分析全球性议题或进行跨国比较。

(1) 全球卫生观察站数据(https://www.who.int/data)。世界卫生组织(World Health Organization, WHO)通过全球卫生观察站(Global Health Observatory, GHO)收集、分析并呈现世界各地的与健康相关的指标数据，对于全球健康问题的研究、政策制定和评估至关重要。

(2) 欧洲联盟开放数据门户网站数据(https://data.europa.eu/en)。欧洲联盟数据开放数据平台提供了欧盟各机构和其他实体的大量数据,数据范围包括经济、科学、环境、教育等各个领域。

(3) 世界银行公开数据(https://data.worldbank.org)。世界银行公开数据收录了七千多个指标,提供了各国的国内生产总值、人均收入、教育支出、健康指标、环境污染等数据。用户可以按国家、指标、专题和数据目录进行数据浏览,这些数据涵盖数百个数据系列,时间跨度长达50年,可用于比较不同国家或地区的发展状况,并研究各种发展问题。

3. 企业数据

企业数据包括企业运营过程中产生和收集的各种数据,包括财务数据、市场数据、客户数据、产品数据、供应链数据、人力资源数据等,有助于企业决策制定、运营管理和业务优化。例如,越来越多的企业已经开始挖掘用户行为数据的价值,利用这些数据进行精准的数字营销。一般来说,企业数据分为三种:企业内部的交易数据、企业同用户之间的交互数据以及外部数据。针对注册/上市公司,一些网站可以获取相关数据,如EDGAR和巨潮资讯网等。

(1) EDGAR(https://www.sec.gov)。EDGAR(Electronic Data Gathering, Analysis, and Retrieval System),是美国证券交易委员会的在线电子系统,提供企业提交的各类证券相关文件,包括年度报告、季度报告、突发事件报告等。

(2) 巨潮资讯网(http://www.cninfo.com.cn/new/index)。巨潮资讯网是中国证券监督管理委员会指定的上市公司信息披露网站,是国内最早的证券信息专业网站,覆盖了中国证券市场的各类资料,包括公司公告、研究报告、市场数据、监管规定等,网站内可以按照行业、地区、指数、市场等分类查询。

4. 科研数据

近年来,随着开放科学理念的崛起,科研数据成为广域协作的重要基础,对研究活动的重要性日趋凸显。公开分享科研数据对研究者、学术界,甚至普通大众都有益处。将研究数据上传至数据库是数据分享的一种重要方式,当前国内外越来越多的院校和科研机构开设平台分享数据,如中国开放数据CnOpenData、北京大学开放研究数据平台、Earthdata等。

(1) 中国开放数据CnOpenData(www.cnopendata.com)。CnOpenData是覆盖经济、法律、医疗、人文等多个学科维度的综合型数据平台,并支持个性化数据定制服务,现拥有100多个数据库,涵盖专利数据、工商注册企业数据等28个数据系列。

(2) 北京大学开放研究数据平台(https://opendata.pku.edu.cn)。北京大学开放研究数据平台包含北京大学的各种科研数据,包括实验数据、观测数据、模拟数据、文本数据、图像数据等,涵盖了自然科学、工程技术、医药卫生、社会科学等多个领域。该平台收录了中国家庭追踪调查、中国健康与养老追踪调查等在国内具有极高影响力的调查数据。

(3) Earthdata(https://www.earthdata.nasa.gov)。Earthdata 是 NASA 地球科学数据系统计划的一部分，用户通过Earthdata可以查看NASA的数据、新闻和活动信息，涉及地球大气、太阳辐射、冰冻圈(北极圈/冰冻地带)、海洋、地表(重力、地磁、板块)以及人类环境等领域。

5. 第三方统计数据及公共数据集

第三方统计数据及公共数据集是指由独立的第三方机构收集、分析并发布的统计数据。这些机构可能是政府部门、研究机构、咨询公司、市场调研公司等，例如艾瑞咨询、皮克研究中心、艾媒网，它们通常不直接参与所研究的市场或业务活动，因此所提供的数据被认为具有较高的公正性和客观性。常见的第三方统计数据及公共数据集如下所述。

(1) Google Trends(https://trends.google.com/trends/)。Google Trends允许用户查看特定关键词在 Google 搜索引擎中的搜索趋势，包括关键词的搜索量指数、区域分布、性别和年龄比例等信息。它是一个很好的市场研究和趋势分析工具，可以帮助企业、记者、研究人员等了解公众的兴趣和需求。

(2) Amazon Web Services Open Data Registry(https://registry.opendata.aws)。Amazon Web Services (AWS) Open Data Registry 是一个中心化的资源库，其中包含了在 AWS 上可用的开放数据集。这些数据集覆盖了许多不同的领域，包括生物医学研究、地球科学、社会科学等。AWS Open Data Registry 的目标是通过共享数据集来鼓励创新并推进研究。AWS Open Data Registry 的一个重要特点是允许数据所有者分享它们的数据集，并为数据集提供持久的资源标识符(如ARN 或 URL)。

(3) 百度指数(https://index.baidu.com/v2/index.html#/)。百度指数是以百度海量网民行为数据为基础的数据分享平台。用户可以通过百度指数研究关键词搜索趋势、洞察网民需求变化、监测媒体舆情趋势、定位数字消费者特征；还可以从行业的角度，分析市场特点。

6. 其他垂直行业数据

每个行业及社会结构的主要组成部分都有相应的数据网站如表2-2所示。

表2-2　行业及社会结构的主要组成部分的数据网站

类别	网站名称	网址
健康类	美国食品药品监督管理局 (Food and Drug Administration, FDA)	https://www.fda.gov/
	英国国家医疗服务 (National Health Service, NHS)	https://www.nhs.uk/
经济类	世界银行公开数据(全球金融数据)	https://data.worldbank.org.cn/
	国际货币基金组织 (International Monetary Fund, IMF)	https://data.imf.org/?sk=388dfa60-1d26-4ade-b505-a05a558d9a42
	国家统计局	http://www.stats.gov.cn/

(续表)

类别	网站名称	网址
传媒类	美国联合通讯社(The Associated Press，AP)	https://developer.ap.org/
	艺恩票房	https://ys.endata.cn/BoxOffice/Movie
自然人文类	大气科学数据库	http://www.iapjournals.ac.cn/dqkx/
	国家遥感数据与应用服务平台	https://www.cpeos.org.cn/home/#/
	中国自然资源数据库	https://www.mnr.gov.cn/sj/
电商类	阿里研究院	http://www.aliresearch.com/cn/index
	Dataeye	https://www.dataeye.com/edxray.html
交通类	高德地图中国路况	https://report.amap.com/diagnosis/index.do
	美国高速公路行车数据(Next Generation Simulation, NGSIM)	https://data.transportation.gov/Automobiles/Next-Generation-Simulation-NGSIM-Vehicle-Trajector/8ect-6jqj

2.1.2 网络爬虫

1. 基本知识简介

网络爬虫(web spider)又称网络蜘蛛、网络蚂蚁、网络机器人等，可以通过既定规则自动提取网页中的信息，这些既定规则即为网络爬虫算法。利用网络爬虫进行数据采集有如下优点：其一，一些公开的数据源涵盖的资源比较有限，网络爬虫能够获得更多的信息；其二，网络爬虫可以代替手工访问网页提取数据，提高了数据采集的效率与准确率；其三，网络爬虫可以将目标网页的数据下载至本地，便于进行后续的数据分析。根据技术和结构，网络爬虫可以分为通用网络爬虫、聚焦网络爬虫、增量式网络爬虫和深层网络爬虫等几种类型。

(1) 通用网络爬虫。通用网络爬虫(general purpose web crawler)又称为全网爬虫，其爬取的目标数据一般数量庞大、范围广泛，并且全部存在于互联网中。这类爬虫对性能要求非常高，主要应用于大型搜索引擎中，有非常高的应用价值。

(2) 聚焦网络爬虫。聚焦网络爬虫(focused crawler)也称为主题网络爬虫，即按照预先定义好的主题有选择地进行网页爬取。在爬取过程中，爬虫会对遇到的每个网页进行评估，判断这个网页是否与目标主题相关。如果网页与目标主题相关，那么爬虫会下载这个网页并从中提取出新的链接继续爬取；如果网页与目标主题不相关，那么爬虫会忽略这个网页。这种方式可以很大程度上节省爬取时所需的带宽资源和服务器资源。

(3) 增量式网络爬虫。增量式网络爬虫(incremental web crawler)建立在其他类型爬虫的基础上，其主要特点是能够定期对之前已经爬取过的网页进行重新爬取，以获取并处理网页内容的更新。这种爬虫被广泛应用于搜索引擎、新闻网站等需要实时或定期更新内容的场合。

(4) 深层网络爬虫。深层网络爬虫(deep Web crawler)是一种专门用来爬取深网(deep

Web)内容的网络爬虫。网页按存在方式分类,可以分为表层页面和深层页面。表层页面指不需要提交表单,使用静态的链接就能够到达的页面;而深层页面隐藏在表单后面,不能通过静态链接直接获取,需要特定的登录认证才能够访问。深层网络爬虫的主要优点是能够访问和抓取到一般的搜索引擎无法直接索引的大量网页内容,使得网络数据的收集更加完整。深层网络爬虫的主要挑战是需要处理各种复杂的用户交互和动态内容生成,需要较高的技术水平和资源投入。

2. 通过爬虫技术抓取数据的基本步骤

网络爬虫抓取数据的基本单位是URL。URL代表统一资源定位符(uniform resource locator),它是浏览器用来检索网页上公布的任何资源的机制。换句话说,每个有效的URL都指向一个唯一的资源。这个资源可以是一个HTML页面、一个CSS文档、一幅图像等。基于此,通过网络爬虫技术抓取数据的基本步骤如图2-1所示。

图2-1 通过网络爬虫技术抓取数据的基本步骤

简单来讲,数据爬取包括发送请求→获取内容→解析内容→保存数据等步骤。

3. 爬虫工具

当前,各种爬虫工具层出不穷。根据使用方式的不同,爬虫工具可以分为开发语言类、数据服务平台类、网页拓展程序类。

(1) 开发语言类。目前,网络中有很多成熟的开源爬虫软件可供使用者选择,根据开发环境进行分类,大致可以分为Java爬虫、Python爬虫、C++爬虫、PHP爬虫等,应用较为广泛的开源爬虫软件如下所述。

- Java爬虫,如Arachnid、crawlzilla、Ex-Crawler等。
- Python爬虫,如QuickRecon、Scrapy、PyRailgun等。
- C++爬虫,如hispider、larbin等。
- PHP爬虫,如OpenWebSpider、PhpDig等。

各种搜索引擎大多使用C++开发爬虫,可能是因为搜索引擎爬虫重要的是采集网站信息,对页面的解析要求不高。Java有很多解析器,对网页的解析支持很好,缺点是网络部分支持较差。对于一般性的需求,无论Java还是Python都可以胜任。如果需要模拟登录,对抗反爬虫,则选择Python更为方便。如果需要处理复杂的网页,解析网页内容生成结构化数据或者需要对网页内容进行精细解析,则可以选择Java。

Python语言在开发网络爬虫中具有明显的优势。第一,Python能有效而简单地实现面向对象编程。它的解释性语言的本质再加上其简洁的语法和对动态输入的支持,使得它在大多数操作系统平台上都是一个较为理想的脚本语言,特别适用于快速的应用程序开发。第二,Python提供了针对网络协议的标准库,能简单高效地实现网页抓取、网页解析、数据存储等功能，使程序员得以集中精力处理程序逻辑。第三，当前网络上关于Python的教学、应用及案例较多，能够快速找到学习资源。

(2) 数据服务平台类。基于开发软件的爬虫代码需要跟随网站的变化而变化，且容易出现难以复用的问题。在不学习编程的情况下，许多数据服务平台也提供了爬虫服务，且通常操作较为便捷，无须理解网页的底层逻辑及架构。目前，功能较为完善的爬虫软件有八爪鱼、集搜客、火车头等。

(3) 网页拓展程序类。在使用PC端爬虫的过程中，Chrome、Edge等浏览器内部有很多功能完善、操作便捷的插件便于数据爬虫。虽然这些插件(如Web Scraper、Xpath Helper)在灵活性和稳定性等方面有所欠缺，但简单易用，能够快速获取网页数据。

Web Scraper是目前应用较为广泛的一款插件。它的优点是免费、操作简单、下载便捷、支持导出CSV文件；缺点是只支持文本数据抓取，图片短视频等多媒体数据无法批量抓取，且不支持复杂的人机交互网页的爬取。

XPath Helper是一款专用于Chrome内核浏览器爬虫网页解析工具，通过按shift键选择想要查看的页面元素来提取、查询其代码，支持用户对查询所得的代码进行编辑，从而进行网络数据批量爬取。

2.1.3 社会调研

社会调研所得的数据是一手数据(primary data)，也称为原始数据。一手数据是指直接获取，没有经过加工或者第三方传递的数据，比如以问卷测评、焦点小组、深度访谈等形式获得的数据，企业内部的大数据平台、数据仓库及其相关系统也属于一手数据。通过社会调研得到的数据具有相关性强且准确度高的优点，但也存在成本高、耗时长、清洗任务较重等缺点。需要特别注意的是，一手数据需要进行逻辑合理性验证。

二手数据主要相对一手数据而言，指的是通过第三方或者是现有的数据资料获取的数据。二手数据的优缺点和一手数据互补，且二手数据的可信度一般依赖于平台的可信度。在实际的应用中，通常将二手数据与一手数据结合使用，以达到最好的效果。

通过社会调研采集数据的常见方式有调查和实验两种。

1. 调查

调查可以分为普查和抽样两种形式，分别针对特定的社会问题开展。

(1) 普查是对一个总体内部的所有个体进行调查，例如全国人口普查就是由国家在全国范围内进行的对全部人口进行的一次性调查登记。普查的结果最贴近总体的真实表现，是无偏见(unbiased)的估测。但是普查的成本太大，少有项目采用这种方式。

(2) 抽样是指从整体中抽取部分有代表性的个体进行调查，并用样本数据反映整体。根据采集形式的不同，可以将抽样分为自填式、面访式、电话式采集；根据抽样方法的不同，可以将抽样分为简单随机抽样(simple random sampling)、分层抽样(stratifide sampling)、系统抽样(systematic sampling)及分段抽样(multi-stage sampling)。

2. 实验

实验法又称因果调查，通常针对社会现象及自然现象开展。实验法通过在控制条件下操纵某个或某些变量，观察这些变化如何影响其他变量，从而探究因果关系。实验可以在实验室进行，也可以在现实环境中进行(被称为现场实验或自然实验)，还可以在网络中进行。实验法通常涉及以下几个步骤。

(1) 提出假设。基于已有的理论或研究，提出预期的因果关系。

(2) 设计实验。确定研究的变量(包括自变量和因变量)，并设定实验条件。

(3) 进行实验。在控制条件下，操纵自变量并观察对因变量的影响。

(4) 数据收集和分析。记录实验结果，通过统计分析方法对数据进行处理和解读。

(5) 结论。基于数据分析结果，验证或否定初步提出的假设。

无论采用何种社会调研方法，都需要注意以下几点：明确调研主题和目的，保证调查设计的完整性；题目设计简洁明了、逻辑连贯，保证参与者能够理解并且有序完成任务；充分考虑参与者的特点，根据其理解能力、年龄、媒介使用情况等要素选取最合适的调研方法。

2.1.4 数据埋点

数据埋点是互联网时代常用的数据采集方式。通常在产品开发阶段，开发者会在代码的特定位置"埋下"数据收集点，这样在产品运行过程中，当用户与产品发生互动时，这些埋点就会记录下用户的操作和行为数据。数据埋点有代码埋点、可视化埋点和无痕埋点三种主要类型。

(1) 代码埋点，即直接在源代码中插入数据收集的代码。这种方法最直接，可定制化程度高，但是对开发工作的干扰较大，一旦埋点需求有所改变，可能需要修改源代码。

(2) 可视化埋点，即通过可视化工具进行埋点，不需要修改源代码。这种方法对开发工作的干扰较小，但可能无法满足所有的数据收集需求。

(3) 无痕埋点，即自动收集所有可能的用户操作和行为数据，然后在服务器端进行数据处理和筛选。这种方法可以收集到最全面的数据，但数据量大，处理和存储成本高。

数据埋点在很多场景下都很有用，比如在网站和移动应用中，可以通过埋点收集用户的点击、浏览、购买等行为数据，以便进行用户行为分析、产品优化、推荐算法改进等。

在数据采集的过程中，由于数据数量庞大、更新速度快，且来源错综复杂，在进行数据采集时会面临各种问题，我们要注意以下事项。

一是数据收集的目的和范围。在开始收集数据之前，需要明确收集数据的目的，以及需要收集哪些数据。收集不必要的数据可能会浪费资源，也可能增加隐私和合规的风险。

二是数据的代表性。如果采用抽样的方式，那么需要确保样本是具有代表性的。否则，分析结果可能会受到样本偏差的影响。

三是数据的隐私和合规性。在收集和处理数据的过程中，需要尊重用户的隐私，遵守相关的法律和规定。例如，可能需要获取用户的同意，或者对数据进行匿名化处理。

四是数据的可维护性和可扩展性。如果计划进行长期的数据收集，那么需要考虑数据的可维护性和可扩展性，要不断容纳新的数据。

2.2 数据清洗

数据清洗与数据分析是在数据采集完成后、正式进行可视化前的关键操作。一方面，通过前期的数据采集得到的数据，不可避免地含有噪声和误差，数据质量较低，需要进行数据预处理(data pre-processing)；另一方面，数据的特征、模式往往隐藏在海量的数据中，需要进一步的数据挖掘才能提取出来。数据预处理能够提高数据挖掘的效率。

2.2.1 数据审查

1. 数据审查的内容

数据审查也称为数据审核，是在数据清洗前对数据整体的宏观把控过程，主要包含4个方面。

(1) 准确性审查。从数据的真实性与精确性角度检查数据，审核的重点是检查调查过程中所发生的误差。

(2) 一致性审查。根据数据的用途，检查数据解释说明问题的程度，具体包括数据与调查主题、目标总体的界定、调查项目的解释等是否匹配。

(3) 完整性审核。检查数据的记录和信息是否完整，是否存在缺失的情况。数据的缺失主要有记录的缺失和记录中某个字段信息的缺失，两者都会造成统计结果的不准确。

(4) 时效性审查。对于有些时效性较强的问题，如果获取的数据过于滞后，就可能失去研究的意义。一般来说，应尽可能使用最新的统计数据。

在审核过程中发现的错误应尽可能予以纠正，并对整体数据产生较为宏观、全面的理解。在此之后，进入数据清洗环节。

2.2.2 "脏数据"与数据清洗

"脏数据"(dirty data)是指数据集中存在的问题数据，包括但不限于错误的数据、重复的数据、缺失的数据或者格式不一致的数据。这些数据可能会对数据分析的准确性产生负面影响，因此需要进行数据清洗。数据清洗主要包含以下流程。

(1) 数据转换。数据转换实质上是将数据的格式进行转换，其主要是为了便于处理和分析数据。例如，将日期格式统一为"yyyy-mm-dd"格式，将货币格式统一为数字格式等。可以使用数据清理工具、正则表达式等方法来转换数据。

(2) 数据标准化，即将数据格式标准化为一致的格式，以便于处理和分析。例如，可以将日期格式标准化为ISO格式、修改错别字、将"女"和"女性"统一为"女"等。

(3) 处理重复值、缺失值和异常值。

(4) 数据筛选，即去除后续数据分析中不需要的变量、属性、字段等数据。

(5) 数据验证。数据验证确保了数据集中的数据准确性和完整性。例如，可以验证邮件地址是否符合标准格式，或验证电话号码是否正确。

2.2.3 数据清洗的常用工具

数据清洗的工具有很多，需要根据具体的数据类型、数据规模、数据质量问题，以及技术背景来选择。以下是一些常用的数据清洗工具。

(1) 数据清洗代码库。数据清洗代码库通过编程的方式可以处理非常复杂的数据清洗任务，但使用人员需要具备一定的编程能力。例如，Pandas是一个开源的Python库，提供高性能、易使用的数据结构和数据分析工具。Pandas对于处理表格数据特别有效，提供了大量的函数和方法来快速处理常见的数据清洗任务，例如处理缺失值、数据转换、数据过滤等。R语言的dplyr、tidyr等代码库也提供了丰富的数据清洗功能。

(2) OpenRefine。OpenRefine是一款开源工具，适用于大规模数据集的清洗和转换。OpenRefine的可视化界面让用户可以直观地理解数据，并执行各种复杂的清洗任务。它还有强大的聚类算法，可以合并表达方式不一致但本质相同的数据。

(3) Trifacta Wrangler。Trifacta Wrangler提供了一种基于交互的方法来清洗、转换和混合数据。它有一套强大的数据推断系统，可以自动检测数据的类型、模式和分布。这个工具对于快速理解和清洗大数据集非常有用。

(4) Talend Data Quality。Talend是一款强大的综合数据集成平台，其数据质量模块为企业级的数据清洗提供了完备的解决方案。它可以处理各种数据源，包括数据库、文件、Web服务等，并提供了丰富的数据质量检查、清洗和报告功能。

2.2.4 OpenRefine数据清洗教程

本节以OpenRefine为例，进行数据清洗的示范。该软件在其官网(http://openrefine.org/download.html)即可免费下载。OpenRefine是基于Java环境开发的，在下载界面中，Windows系统可以选择是否基于Java环境，而其他系统均需提前安装Java(官网即可免费下载和安装)。

本节使用"IMDB电影评分数据集"作为操作案例。该数据集记录了影片的信息，主要包括演员、导演、预算、IMDB评分和上映时间等。此外，本节还将介绍一些不涉及数据处理的其他案例。

1. 初始页面

在默认浏览器中打开OpenRefine，其运行初始界面包括"新建项目""打开项目""导入项目""语言设定"四个选项，如图2-2所示，可以单击"语言设定"进行语言选择。

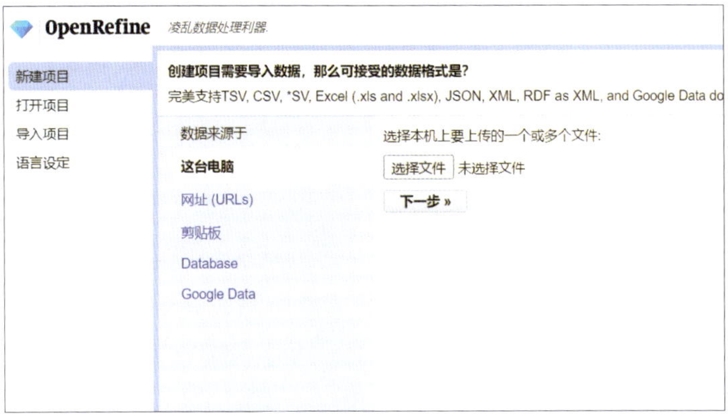

图2-2 OpenRefine初始界面

2. 创建新项目及数据预处理

单击"选择文件"按钮导入本地文件，OpenRefine支持CSV、XLS、JSON、XML等格式的文件导入。除了本地文件外，还可以导入数据网址，或将数据文本直接粘贴到剪贴板中。

当数据上传之后，会出现导入数据的预览和格式需求。可根据文件格式选择"数据解析格式"(见图2-3)，并根据需要对导入数据(见图2-4)做预先处理，如"保留空白行""将空白单元格作为nulls保留"等。

图2-3 数据解析格式

图2-4 数据预先处理

默认情况下，第一行数据会被解析为列名称。OpenRefine同时也会根据数据特点匹配单元格类型，识别为整数、日期、网址等，这在后续整理排列数据的时候十分有用。当所有基础选项都设置好后，单击页面右上角的创建项目来加载数据。

3. 主页面功能简介

1) 数据显示页面

OpenRefine主页面有两部分(见图2-5)，左边为筛选处理操作界面，主要记录完成的操作及处理的行列数；右边为数据界面，显示操作完成后的数据集。数据页面显示行数、选项、列名称和菜单以及具体的数据，每一个字段都有下拉菜单，可以使用菜单对该字段数据进行归类、过滤、编辑、变换和排序等操作。

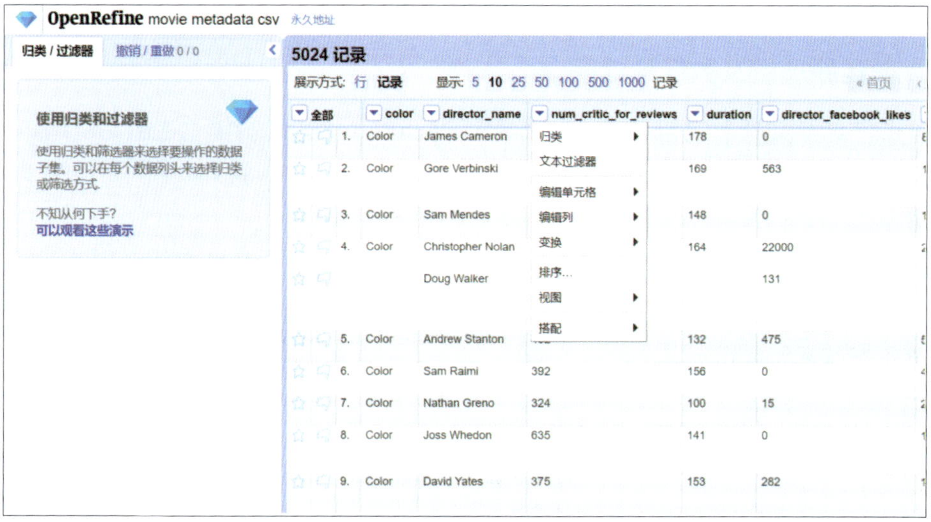

图2-5　数据显示主页面

2) 项目操作历史

OpenRefine的强大功能之一是可以在项目创建后保存所有的操作步骤(见图2-6)，当我们在过程中发现错误时，即使是很久以前的操作也可以撤销，单击想保留的步骤操作即可。例如，想要保留步骤1，删除后面的所有步骤，可以直接单击步骤1的区域(见图2-7)。

图2-6　撤销说明

图2-7　步骤列表

需要注意的是，操作历史仅保留对数据产生了实际影响的操作。例如改变前文提及的每页显示行数，则不会保留到操作历史中。可以选择"提取"，以对曾经的步骤保留备份，应用于其他数据。提取历史操作记录页面如图2-8所示。

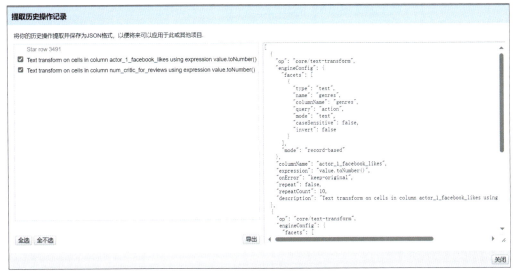

图2-8　提取历史操作记录

3) 操纵列

列是OpenRefine中的基本元素，是具有同一属性的值的集合，操纵列可以对列进行隐藏和展开、移动，以及删除和重命名等操作。

(1) 隐藏和展开列。如果要隐藏一列或几列以方便观察操作，那么单击列下拉菜单，选择"视图"，有"收起该列""收起所有其他列""收起左侧列""收起右侧列"4个可选项，如图2-9所示。

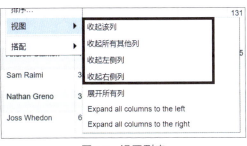

图2-9　视图列表

(2) 移动列。有时候改变原数据中列的顺序十分重要。如果想要直观地比较某两列的数据，就可以将它们放在一起，选择需要处理的一列，在列菜单中选择"编辑列"(见图2-10)即可完成。

图2-10 编辑列列表

如果需要对所有列操作,可以使用第一列名称为"全部"的列,同时操作多列。选择"编辑列"下的"重排/移除列",可以通过拖动重新对列进行排列,还可以将列拖动到右侧以删除(见图2-11)。

图2-11 重排/移除列界面

4) 数据排序

排序是查看数据较常见的操作之一,经过排序的值更加容易被理解和分析。例如,想要按照"评分"从高到低进行排序,首先选择下拉菜单,单击"排序"按钮,选择"数字"排序依据,选择"从大到小"排序方式。

排序对话框的左侧可以选择不同的排序依据，包括文本(区别大小写或者不区别)、数字、日期、布尔(Boolean，逻辑数据类型)；右侧可以通过使用鼠标拖动模块来实现对合法值(即有效值)、错误值和空白值的排序，错误值可以排在最前面(这样容易发现问题)，空白值可以排在最后(因为空白值一般没有意义)，而合法值居中，如图2-12所示。

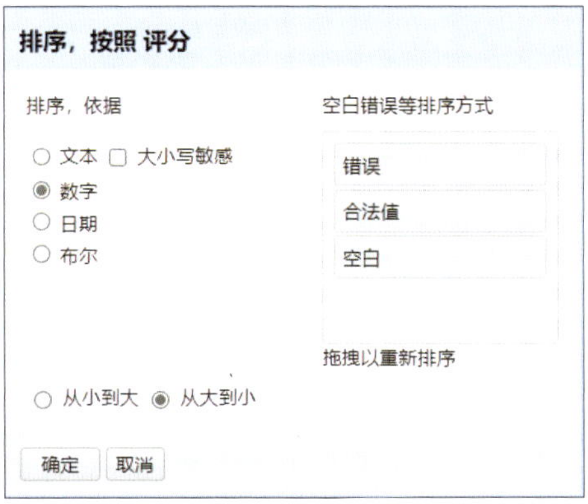

图2-12　排序界面

同时应该关注的一点是，排序并不会被记录在项目操作历史中，因为排序不会改变数据，其仅仅是改变了显示方式。可以在屏幕顶部的快捷菜单排序(Sort)中选择"取消排序"，回到原来状态；或是选择"固定行排序"保留此状态。

如果想对排序后的结果进行后续操作，一定要将排序结果保存，选择"固定行顺序"(见图2-13)；否则，软件关闭后再次打开，数据会变回初始的排序状态。

图2-13　排序固定界面

5) 编辑单元格

"编辑单元格"中的"常用转换"中包含了使用频率较高的几种编辑方式，如图2-14所示。

(1) 移除首尾空白：删除文本前后的空格。

(2) 收起连续空白：将文本中的多个空格转换为一个空格。

(3) 反转义HTML字符：处理包含超文本标记语言的单元格。

(4) 首字母大写/全大写/全小写：改变字母大小写。

(5) 数字化/日期化/文本化：将原本数据转换为对应的格式。

图2-14 常用转换界面

6) 归类(facet)

归类是OpenRefine重要的功能之一，它能够帮助用户快速查找目标数据。软件中有文本归类、数值归类、自定义归类等方法。归类前，需要先对数据进行编辑、统一格式等操作，防止部分数据无法归类。

(1) 文本归类。文本归类是指将所选字段的数据按照文本规则进行分类汇总，适合文本种类较少的情况，如果文本种类过多或者没有重复的文本，文本归类的效果就会不佳。

例如，对电影的色彩(color)进行归类，操作步骤：单击"归类"→选择"文本归类"，归类结果显示黑白电影有26部，彩色电影有1126部，还有8个缺失值(见图2-15)。归类结果可以选择按照名称或数量排序。此外，软件支持对分类进行导出，单击"2 choices"，即可选择需要导出的选项。

图2-15 文本归类示例

簇集(cluster)用于对相似的数据进行聚类分析，帮助用户快速定位脏数据。OpenRefine提供两种不同的聚类模式，这两种模式原理不同。

- 关键词碰撞(key collision)使用键函数来映射某个键值。相同的聚类有相同的键值。如果我们有一个移除空格功能的键函数，那么带有空格的"A B C"和没有空格的"ABC"，就会有相同的键值"ABC"。
- 就近原则(nearest neighbor)使用distance function衡量。如果将每一次修改视为一个变化，那么从"Boot"到"Bots"的变化数是2。

例如，对影片的类型(genres)进行聚类，操作步骤：依次单击"编辑单元格"→"聚类和编辑"→"选择聚类方法"→"调整半径(距离)"(调整相似度的敏感度，半径越大，分类越细)→"合并聚类"(如果用户认为簇中值是同一类，可以选择合并这个聚类)。当半径为1的时候，只有一个结果(见图2-16)。经过判断，两种相似的词条不能合并。

图2-16　半径为1的结果

当半径为5时，配有字段的透视图作为判断参考(见图2-17)，在实际应用中，需要手动勾选是否需要合并。在"新的格子值"一栏，OpenRefine 会给出一个建议的合并值名称，用户也可以重新编辑。单击"合并选中&重新簇集"按钮，OpenRefine 会用新的值替换掉聚类中的所有值。当用户完成所有的聚类操作后，单击"关闭"按钮，聚类的结果就会被应用到数据表中。

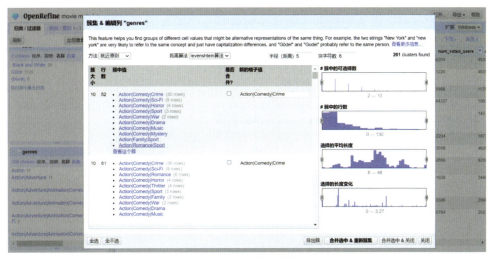

图2-17　半径为5的结果

(2) 数值归类。在OpenRefine中，数值型数据默认右对齐、用绿色显示，文本型数据默认左对齐、用黑色显示。数值归类可以对数值型数据进行归类，方便查找以非数值型格式存储的数值。例如对"num_critic_for_reviews"进行归类，操作步骤：单击"归类"→选择"数值归类"，结果显示有1147条数值型数据和6个缺失值(结果如图2-18所示)。

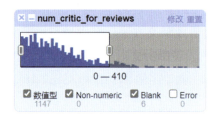

图2-18　数值归类界面

无论是何种归类得到的透视图，都可以拖动透视图中左右两边的方块进行范围选择，范围选择后相应数据页面呈现的数据量也会变换。

(3) 自定义归类。自定义归类可以根据用户的实际需求进行，包含按字归类(word facet)、复数归类(duplicates facet)、数字对数归类(numeric log facet)、约为1的数字对数归类(1-bounded numeric log facet)、文本长度归类(text length facet)、文本长度的对数值归类(log of text length facet)、Unicode字符归类(unicode char-code facet)、按错误归类(facet by error)以及按空白归类(facet by blank)。

按空白归类是较常使用的归类方式，归类结果会显示"空值"和"非空值"两种，可以快速定位数据中的缺失值。

复数归类也是较常使用的归类方式，归类结果会显示"重复"和"非重复"两种，可以快速判断数据中是否有重复值。

7) 文本过滤器

文本过滤器可以在选定的列中筛选出包含特定字符串的单元格，要注意是否勾选"大小写敏感"，这个选项会对筛选结果产生影响。例如筛选出所有的动作片，即"Action"类型影片。操作步骤：选择"文本过滤器"→输入"Action"。结果显示在右侧的数据页面中，并显示包含多少行，如图2-19所示，动作类型影片有1152条记录。

图2-19　文本过滤器实例

文本过滤器支持通过输入正则表达式来实现多重过滤，但是需要对正则表达式中的各种符号有基本的认识。正则表达式利用字符串来表达指令(字母、数字、空格等)，许多编程语言都支持利用正则表达式进行字符串操作。例如，有一列数据，其中包含用括号括起来的文本，如"The Big Bang Theory (TV Series)"，而用户只想保留括号前的文本，此时可以使用：value.replace(/\s\(.*\)/,"")。常用的正则表达式如表2-3所示。

表2-3 常用的正则表达式

字符串等基本元素	含义及使用方法
[]	用来指定一系列的待选单个字符集。在方括号内使用"-"来指定字符域的范围
[0-9]	所有数字
[a-z]	所有小写字母。匹配美式拼写(analyze)和英式拼写(analyse)
[A-Z]	所有大写字母。[0-9][A-Z]代表一个数字后面跟至少一个大写字母
\d	所有数字，是[0-9]的简化版。"\d\d\d"代表至少有3个连续数字
\D	非数字。"\D\D"代表至少有2个连续非数字
^	在括号的第一个字符前使用，代表不得出现。[^a-zA-Z0-9] 代表不是字母且不是数字
.	匹配任意一个字符。"a.a.a"将匹配到至少连续出现三次字母a，并且两个a之间有一个任意字符，比如，dulcamara；在归类年份时，"19.."可以匹配到20世纪的年份
\w	一个任何字母、数字或下划线的字符
\W	不是字母、数字或下划线的字符
\s	一个空白符，包括空格、Tab键和换行符
\S	不是空白符的任意字符
{n, m}	前面的字符重复n次～m次。N\d{5,8}将匹配字母N开头，后面跟5位或6位或7位或8位数字。n、m的值可以为0或没有，例如N\d{,8},将匹配字母N开头，后面跟最多8位数字；N\d{5}将匹配N字母开头，且后面有5个数字
GREL函数	通过常用的函数实现查找、替换等功能的应用

8) 删除匹配的行

在实际情况中，有问题的行(如重复的、缺失的)需要从数据集中删除。

空白行的删除步骤：单击"归类"→"自定义归类"→"按照空白归类"→选择"true"类型→"编辑行"→"移除所有匹配的行"，如图2-20所示。

重复行的删除步骤：单击"排序"→"固定行顺序"→"编辑单元格"→"相同空格填充"，接着按照删除空白行的步骤来删除这些重复行。

9) 更改单元格内容

OpenRefine除了能够以行/列为单位进行整合操作，还能够修改单个单元格。将鼠标放在想要修改的单元格上，单击右上角的"edit"，更改的内容还可以"应用到所有相同的单元格"。

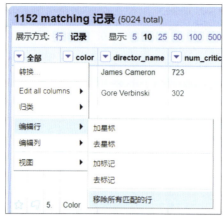

图2-20　移除所有匹配的行

4. 导出

当数据清洗完毕后，根据需要将数据导出为不同的格式。"导出"按钮位于主界面右上角。OpenRefine导出的项目不仅包含清洗后的数据，也记录了清洗的步骤，即数据变化历史，如图2-21所示。导入该文件的用户可以查阅先前清洗过程中已操作的步骤，甚至可以撤销一个或多个已操作步骤。这一点是利用Excel清洗数据时无法实现的。自定义表格导出器可以设置具体的导出内容，例如选择导出的列、是否导出空白行等。

图2-21　导出界面

2.3　数据分析

数据经过预处理后即进入正式的数据分析环节。数据分析是一个探索的过程，通常从特定的问题出发，抽丝剥茧，从而提取出数据背后的价值，为可视化做最后的准备。数据分析的核心并不在于数据本身，而在于设计有意义、有价值的数据分析主题与指标体系。数据分析的目的是对过去发生的现象进行评估和分析，寻找事件之间关系存在的证据及原因，在这个基础上对未来事件的发生和发展做出判断，并形成能够指导未来行为的知识或者依据。

2.3.1 数据分析的类型

1. 描述性数据分析

描述性数据分析(descriptive data analysis，DDA)的主要目的是通过对数据的概括和描述来了解数据集的主要特性。这是数据分析的第一步，通常在进一步的探索性或预测性分析之前进行。描述性数据分析包含中心趋势测量(如平均值、中位数和众数)、变异性测量(如方差、标准差、四分位数)、形状测量(如偏度、峰度)、频数测量等。

2. 探索性数据分析

探索性数据分析(exploratory data analysis, EDA)是一种在形成明确假设之前对数据进行初步探索的方法。这种分析方法通过可视化和定量技术揭示数据的结构、关键特征和潜在模式，有助于决定进一步的数据处理方向。

3. 指导性数据分析

指导性数据分析(confirmatory data analysis, CDA)要求在做数据分析前，先明确研究问题，并提出假设，然后通过严格的统计方法和模型验证，对假设进行检验和分析。和探索性数据分析不同，指导性数据分析的目标是验证数据分析中的假设和研究结论是否成立。

4. 预测性数据分析

预测性数据分析(predictive data analysis，PDA)是利用历史数据来预测未来趋势的分析方法。它通过应用数据挖掘、机器学习和统计建模技术(如回归分析、时间序列分析等)来分析当前和历史事实，以预测未来的事件。

2.3.2 数据分析的常用工具

数据分析工具与数据清洗工具有所重叠又有所不同，其功能均是基于对数据的处理。

1. Excel

Excel 是一种电子表格工具，操作简单，用户无须编程知识即可操作。Excel 非常适合处理小型数据集，并提供了基本的数据分析和图表绘制功能。但对于大型数据集和复杂分析，Excel可能会显得力不从心。

2. SAS

SAS 是一种商业统计软件,提供了广泛的统计分析方法和数据管理功能。SAS 在许多大型企业和特定行业(如医药行业)中使用较广。

3. SPSS

SPSS 是一种用户友好的商业统计软件,常用于社会科学研究。SPSS 提供图形用户界面进行操作,也可以使用其自有的命令语言进行编程。

4. SQL

SQL 是处理关系型数据库的标准语言,非常适合处理结构化数据。SQL 语法逻辑清晰,专为数据查询和操作设计,但在进行复杂的数据分析和统计计算时可能需要配合其他工具。

5. Python

Python 是一种通用编程语言,适用于多种应用,包括数据分析。Python 语法简单明了,易于学习,而且有强大的科学计算和数据分析库,如 Pandas、NumPy、SciPy、Matplotlib 和 Seaborn。

6. R

R 是专为统计分析和数据可视化设计的编程语言。R 拥有大量的统计和机器学习包,适合做复杂的统计分析和建模。

2.4.3　Excel数据处理与分析教程

本节重点讲解Excel的基础性操作、常用函数与数据透视表。本节使用招聘网站的数据集进行演示,数据集中主要包括职位名称、薪资待遇、所在地区、最低学历等字段。

1. 基础性操作

1) 排序

数据排序是数据分析和数据处理的基础步骤,它能帮助我们更好地理解数据。在Excel中可以按多列或者单列进行排序。多列排序的应用较为广泛,操作步骤:单击"开始"→"排序和筛选"→"自定义排序",可以添加多个排序列,针对每一列可以选择升序或者降序,选择排序的主要依据(职位名称)、次要依据(所在地区和薪资待遇),如图2-22所示。这样,在主要依据相同的情况下,多个排序列会按照次要依据进行排序。

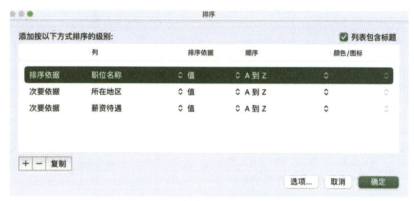

图2-22 多个排序列排序级别

2) 筛选

Excel的筛选功能使用户能够在大型数据集中快速查找和分析特定数据。用户可以根据一个或多个条件来筛选数据。首先，单击"数据"菜单栏的"筛选"按钮，此时每列标题上方会出现下拉箭头。然后，单击要筛选的列的下拉箭头，选择"筛选条件"或"筛选项目"。Excel还提供了高级筛选功能，例如根据多个条件进行筛选、进行不重复记录的筛选等。

2. 常用函数

常用函数可以分为主干函数和零件函数。零件函数(如日期函数、文本函数、统计函数等)往往不单独使用，其运算结果一般不是最终结果，需要和主干函数配合。主干函数则独立完成一次完整运算过程并得到最终结果，通常用于逻辑判断和查找引用。

1) 日期函数

(1) TODAY函数。TODAY函数用于返回当前日期。这个函数不需要任何参数，只需要输入 =TODAY()。这个日期是动态的，这就意味着每次用户打开工作簿或者每次用Excel计算新的值时，这个函数都会自动更新，始终显示当前日期。

以下是一些使用TODAY函数的例子：
- 计算从特定日期(例如A2单元格的日期)到今天过去的天数，语法为=TODAY() – A2
- 计算从今天到特定日期(例如A2单元格的日期)的剩余天数，语法为=A2 - TODAY()

(2) NOW函数。NOW函数用于返回当前的日期和时间，与TODAY函数使用方法相同，且会一直更新。

(3) WEEKDAY函数。WEEKDAY函数用于返回一个日期对应的星期几。这个函数的语法为 =WEEKDAY(serial_number, [return_type])。serial_number是必需的，表示用户要查询的日期。这可以是对日期单元格的引用，或者是返回日期的函数。return_type是可选的，表示返回值的类型。如果省略 return_type，默认值为 1，代表1是星期天，7是星期六。Excel提供了几种不同的 return_type 选项，如表2-4所示。

表2-4 WEEKDAY函数"return_type"选项及含义

选项	含义
1	从1(星期日)到7(星期六)的数字
3	从1(星期一)到7(星期日)的数字
4	从0(星期一)到6(星期日)的数字
11	从1(星期一)到7(星期日)的数字
12	从1(星期二)到7(星期一)的数字
13	从1(星期三)到7(星期二)的数字
14	从1(星期四)到7(星期三)的数字
15	从1(星期五)到7(星期四)的数字
16	从1(星期六)到7(星期五)的数字
17	从1(星期日)到7(星期六)的数字

以下是一些使用WEEKDAY函数的例子：
- 返回今天是星期几(星期天为1，星期六为7)，语法为=WEEKDAY(TODAY())
- 返回A2单元格的日期是星期几(星期一为1，星期天为7)，语法为=WEEKDAY(A2,2)
- 判断A2单元格的日期是否为工作日(星期一到星期五)，语法为=IF(WEEKDAY(A2, 2) <= 5, "工作日", "周末")

(4) YEAR/MONTH/DAY函数。YEAR/MONTH/DAY函数用于提取日期中的年份/月份/日期。

YEAR函数用于返回给定日期的年份。它的语法为=YEAR(serial_number)，其中serial_number是包含日期的单元格或者直接输入的日期。例如，执行YEAR("2023-07-28")或YEAR(A2)(假设A2单元格包含该日期)，将返回"2023"。

MONTH/DAY函数的使用方法与YEAR函数类似。

2) 文本函数

文本函数用于对单元格内的文本内容进行编辑和调整，在数据分析中使用较为频繁。

(1) LEN/LENB函数。LEN函数用于返回一个字符串中的字符数，不论是中文、英文还是数字，都计为1个字符。它的语法是=LEN(text)，例如，执行=LEN("Hello World")，将返回11，因为"Hello World"中有11个字符(包括空格)。

LENB函数用于返回一个字符串的字节长度，英文、数字和半角状态输入的标点符号，按照1个字节计算，中文及全角状态输入的标点符号，按照2个字节计算。

(2) LEFT/RIGHT/MID函数。LEFT/RIGHT/MID函数用于返回字符串中的特定部分。用户可以使用这些函数来提取出地址、姓名或者其他有意义的部分。

LEFT函数用于返回文本字符串中最左侧的一定数量的字符。它的语法为=LEFT(text, [num_chars])，其中text是包含文本的单元格，num_chars是用户希望从文本最左侧返回的字符数量。例如，执行LEFT("Hello World", 5)，将返回"Hello"。

RIGHT函数用于返回文本字符串中最右侧的一定数量的字符。它的语法为=RIGHT(text, [num_chars])，例如，执行RIGHT("Hello World", 5)，将返回"World"。

MID 函数用于返回文本字符串中从指定位置开始的特定数量的字符。它的语法为=MID(text, start_num, num_chars)，start_num 是用户希望开始返回字符的位置(第一个字符的位置为1)，num_chars 是用户希望返回的字符数量。例如，执行MID("Hello World", 7, 5)，将返回"World"。

(3) FIND/SEARCH函数。FIND/SEARCH函数用于返回一个字符串在另一个字符串中第一次出现的位置。需要注意的是，如果找不到对应的字符串，这两个函数都会返回错误值。

FIND 函数用于区分大小写，语法为 =FIND(find_text, within_text, [start_num])。其中 find_text 是用户要查找的字符串，within_text 是用户要在其中查找的字符串，start_num 是一个可选参数，表示用户希望开始查找的位置。例如，FIND("World", "Hello World")，结果为7，表示"World"在"Hello World"中首次出现的位置是第7个字符。

SEARCH 函数用于不区分大小写，还可以处理通配符，其语法与 FIND 函数相同。

在本节案例中，薪资待遇有的2k~3k，有的是20k~40k，由于字符长度不同，想要提取出薪资待遇的最高值和最低值，无法直接使用LEFT/RIGHT/MID函数。因此，需要与FIND/SEARCH函数进行组合。薪资最低值公式表达：=LEFT(薪资待遇对应的单元格，FIND("-"，薪资待遇对应的单元格)-2)。该公式含义：找到单元格中的"-"符号并定位比该符号靠前两位的位置，从左边开始，提取到定位的位置。同理，想要保证城市列只显示城市，不精确其他内容，P列的公式表达：=MID(城市列，FIND(" "，城市列)-1)。可以尝试使用MID函数组合对职位描述列进行职位任职资格的提取，提取学历、英语、管理等关键词来汇总分析职位要求。

(4) REPLACE/SUBSTITUTE函数。REPLACE 和 SUBSTITUTE 函数都用于替换字符串中的文本，可以用它们来替换词语、修正错误或更新旧的信息。

REPLACE 函数用于替换文本字符串中从指定位置开始的指定长度的字符。它的语法为=REPLACE(old_text, start_num, num_chars, new_text)。其中 old_text 是原始文本，start_num 是开始替换的位置，num_chars 是要替换的字符数量，new_text 是替换的文本。例如，执行REPLACE("Hello World", 7, 5, "Universe")，将返回"Hello Universe"。

SUBSTITUTE 函数用于在文本字符串中替换一种或所有出现的特定文本。它的语法为=SUBSTITUTE(text, old_text, new_text, [instance_num])。其中 text 是原始文本，old_text 是要被替换的文本，new_text 是替换的文本，instance_num 是一个可选参数，指定要替换哪一个 old_text(如果省略，将替换所有old_text)。例如，执行SUBSTITUTE("Hello World World World", "World", "Universe", 2)，将返回"Hello World Universe World"。

3) 统计函数

(1) 没有条件的统计函数。

AVERAGE 函数，返回所选范围内单元格的平均值。它的语法为=AVERAGE

(number1, [number2], ...)。例如，执行AVERAGE(A1:A10)，将返回 A1 到 A10 单元格的平均值。

MEDIAN 函数，返回所选范围内单元格的中位数。

MODE 函数，返回所选范围内出现次数最多的值，即众数。

SUM 函数，返回所选范围内单元格的总和。

MAX/MIN 函数，返回所选范围内单元格的最大值/最小值。

STDEV.P /STDEV.S函数，返回所选范围内单元格的标准偏差，这是衡量数据偏离平均值的程度的一种方法。STDEV.P 用于总体数据，STDEV.S 用于样本数据。

(2) 条件统计函数。

条件统计函数可以根据一定的条件来进行统计。例如SUMIF函数的语法为=SUMIF(range, criteria, [sum_range])。此函数会计算给定范围内满足指定条件的单元格的和。如果提供了sum_range，则只有在 range 中满足条件的对应单元格在sum_range 中的值才会被相加。

对于具有"IFS"后缀的函数，还可以提供多个范围和条件。例如SUMIFS函数的语法为=SUMIFS(sum_range, criteria_range1, criteria1, [criteria_range2, criteria2]...)。此函数可计算满足多个条件的单元格的和，应用的条件可以是一个数字、文本、表达式或者函数。

4) 逻辑函数

Excel的逻辑函数，执行真假值判断，根据逻辑计算的真假值，返回不同结果。IF函数是常用的逻辑函数，用于进行条件测试并返回两种可能的结果。如果条件测试结果为真(即满足条件)，则返回一种结果；如果条件测试结果为假(即不满足条件)，则返回另一种结果。

IF 函数的语法是 =IF(logical_test, [value_if_true], [value_if_false])。

其中，logical_test 是要测试的条件。这可以是一个比较(如 A1>10)、一个逻辑表达式(如 A1>10 AND B1<20)或者对其他函数的结果的测试[(如 ISNUMBER(A1))]。

value_if_true 是当 logical_test 为真时返回的值。这是可选参数，如果省略，则默认为 TRUE。

value_if_false 是当 logical_test 为假时返回的值。这是可选参数，如果省略，则默认为 FALSE。

当有多个条件时，可以进行IF函数嵌套。例如在上文提取出最低工资后，可以将工资分为三档，10k以下、10k-20k、20k以上。此时的函数表达为=IF(最低工资单元格>20, "高薪"，IF(最低工资单元格<10, "低薪""中等"))。

5) 查找引用函数

在Excel中查找的对象是数据(或区域、数组)中的元素，查找返回的结果是一个具体的元素(可以是数值、字符串)；引用的对象是一个单元格或连续的单元格区域，引用返回的是一个对象(一个单元格或连续的单元格区域)，只是在公式结果中，体现出来的是该对象的赋值(单元格中的值)。

(1) VLOOKUP 函数。

VLOOKUP 的全称是 Vertical Lookup，意为垂直查找，用于在表格或数据范围中查找并返回一个值。

VLOOKUP 函数的语法是 =VLOOKUP(lookup_value, table_array, col_index_num, [range_lookup])。

其中，lookup_value 是要查找的值。

table_array 是要在其中查找 lookup_value 的表格或数据范围。需注意的是，lookup_value 应在 table_array 的最左列内。

col_index_num 是在 table_array 中用户希望返回的值所在的列的编号。例如，用户希望返回 table_array 的第三列中的值，col_index_num 就应为 3。

range_lookup 是一个可选的逻辑值，决定函数是否进行近似匹配(默认)或者精确匹配。如果结果为 TRUE 或省略，函数进行近似匹配；如果结果为 FALSE，函数进行精确匹配。

需要注意的是，VLOOKUP 函数只能在 table_array 的第一列中查找 lookup_value，并且只能返回 lookup_value 同一行中的值。如果用户需要更复杂的数据查找，可能需要使用INDEX和MATCH函数。

(2) INDEX和MATCH函数。

INDEX函数用于返回一个表格或数据范围中的特定单元格的值，其函数的语法是=INDEX(array, row_num, [col_num])。其中，array 是包含用户要查找的数据的表格或数据范围；row_num 是用户希望返回的值所在的行的编号；col_num 是用户希望返回的值所在的列的编号，是可选参数，如果省略，函数将返回整行的值。

MATCH函数用于返回一个值在一个数组中的相对位置，其函数的语法是=MATCH(lookup_value, lookup_array, [match_type])。其中，lookup_value 是你要查找的值；lookup_array 是包含可能的值的一维数组或范围；match_type 是一个可选参数，决定函数是否进行近似匹配(默认)或者精确匹配。如果参数为1，函数找到小于等于 lookup_value 的最大值；如果参数为0，函数进行精确匹配；如果参数为-1，函数找到大于等于 lookup_value 的最小值。

3. 数据透视表

数据透视表(pivot table)是一种强大的数据分析工具，它可以帮助用户快速、灵活地对大量数据进行汇总、分析和可视化，其主要特点和功能如下所述。

(1) 快速汇总。数据透视表可以快速对大量数据进行汇总。它可以按照行、列和值的方式，将原始数据进行汇总计算，将其转换成易于理解的表格，从而使用户更好地了解数据的整体情况。

(2) 动态调整。通过切片器可以同时对多个透视表进行筛选，从而快速地过滤数据，实现数据动态展示效果；还可以通过拖放字段来更改表格的布局，添加或删除行、列和值字段，以满足不同的分析需求。

(3) 多级分组。数据透视表支持多级分组，用户可以根据需要将数据进行分组和分层，从而更深入地了解数据的层次结构和关系。

(4) 数据计算。数据透视表支持在表格中进行简单的计算，还可以添加自定义的计算公式，以满足特定的分析需求。

操作步骤：选择"插入"→"数据透视表"，即可创建数据透视表。一般情况下，选择新建工作表，即可选择自己关注的维度进行分析。数据透视表由筛选器、列、行与值四个部分组成，如图2-23所示。数据透视表的使用功能是拖拽，可以将想要选择的字段用鼠标拖曳至任意部分。

图2-23　数据透视表设置

在本节案例中，如果想要看到平均最低薪资(需要通过前文的函数提取)和工作城市、工作年限的关系，可以将列设置为工作经验，行设置为所在地区，值设置为最低薪资。同时，在选项卡中选择字段设置，可以更改值的体现方式，在本场景下，选择平均值字段(见图2-24)。

注意，通过前文公式提取的平均最低薪资，应转化为数字格式才能进行透视，因此，在透视前，需要保证所有的字段格式正确，透视结果如图2-25所示。

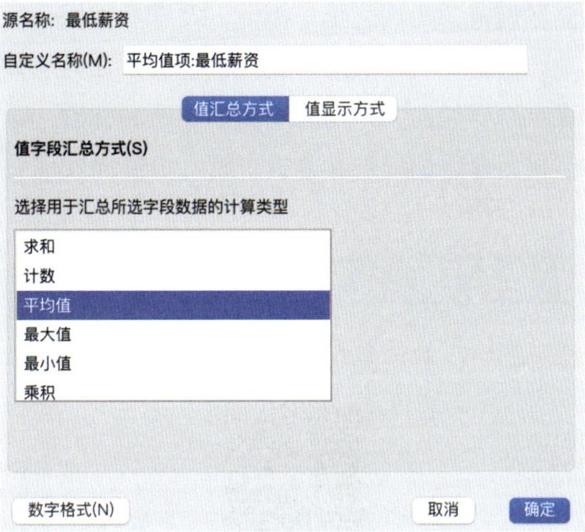

图2-24　数据透视表字段设置

3	平均值项:最低薪资	列标签								
4	行标签	经验10年以上 /	经验1-3年 /	经验1年以下 /	经验3-5年 /	经验5-10年 /	经验不限 /	经验应届毕业生 /	(空白)	总计
5	/北京 /	25	14.80952381		16.35714286	24.14634146	18.41666667	8.5		19.01652893
6	/成都 /		6.75		13.5	12.66666667	8			9.818181818
7	/佛山 /		5							5
8	/福州 /				7					7
9	/广州 /		9	10	13.875	17.5	5			13.33333333
10	/杭州 /		9		17	21.5				17.83783784
11	/合肥 /		8		6					7
12	/济南 /					15				15
13	/昆明 /		10							10
14	/南京 /		8		12.5	20				14.42857143
15	/南宁 /				7					7
16	/宁波 /					18				18
17	/厦门 /							8		8
18	/上海 /	32.5	11		14.85714286	24.41666667		6.4		16.1372549
19	/深圳 /	22.5	10.77777778		15.625	22.26086957	17.5	10		17.60655738
20	/苏州 /		8		9	15	8			10
21	/天津 /		6				15			10.5
22	/武汉 /		5		9.8	8				8.75
23	/西安 /				10	15				12.5
24	/重庆 /				11.5	25				16
25	(空白)									
26	**总计**	**26.42857143**	**11.17460317**	**10**	**15.16153846**	**21.96396396**	**15.78947368**	**7.444444444**		**16.69117647**

图2-25　透视结果

此外，还可以单击想要排序参数的下箭头，修改排序和排序依据(见图2-26)。可以看出，总体而言，工资随着经验的增长而增长，最低薪资排名靠前的几个城市分别为北京、成都、佛山、福州等。然而，想要得到更加精确的结论，可以结合城市工作职位数量透视进行分析，工资高但工作职位数量较少的城市或许也不是工作前景最好的选择。

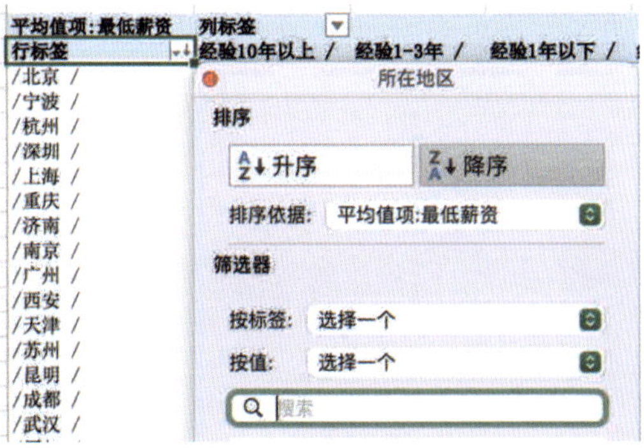

图2-26　数据透视表排序设置

数据分析需要建立在规范的数据之上,因此,在开展数据分析之前,必须对数据进行彻底的清洗和预处理。数据分析是数据可视化的基石,如何从数据中提取出有用的信息是日常训练中需要重点培养的能力。通过不断的实践和探索,我们能够在面对不同类型和规模的数据时迅速找到合适的处理和分析方法,也能够发现更大的数据探索空间。

数据分享

本章节中应用操作案例所涉及的数据集可通过扫描下方二维码下载。

扫码下载数据

课后习题

1. 采集数据有哪些注意事项?
2. 数据清洗常用的工具有哪些?
3. 如何理解脏数据?数据清洗都需要清洗哪些内容?
4. 使用数据透视表做出不同城市、不同工作经验的人在不同岗位的工作薪资。

第3章 数据呈现

数据呈现的重点在于选择合适的角度看待数据,结合不同的元素组件与绘制方式将数据中的关键信息快速传递出来。本章节将介绍数据呈现的基本组件和形式,以及如何选择合适的可视化方式,让读者对数据呈现的逻辑、技法、审美等有更加深刻的认知。

3.1 数据可视化的基本组件

经过数据收集、数据清洗、数据分析等前期工作,就需要具象化的视觉元素与简明的标注信息对数据进行重要加工——数据呈现。可视化组件可以将庞杂的数据转化为多样的视觉元素,通过一定的组合思路在较小的面积上传递更广阔的数据信息。视觉组件主要包含视觉暗示、坐标系、标尺、背景信息4种形式。

3.1.1 视觉暗示

创作者学习用图表和图像传达信息的第一步,便是熟悉图表的结构与组成,而可视化最为直观的印象往往是由视觉暗示完成的。视觉暗示(visual cue)是一种视觉特征,可以引导读者的注意力,帮助他们理解可视化。视觉暗示可以包括颜色、位置、长度、角度、方向、面积、形状等各种视觉特征,其中颜色又可以根据色调、明度、饱和度再做细分。例如,在一个散点图中,创作者可能会使用颜色来区分不同的数据类别;在一个柱状图中,创作者可能会使用高度来表示数据的大小;在一个流程图中,创作者可能会使用箭头来表示方向和流动。

如今,机器学习模型已经能够理解数据可视化的基本概念。当创作者向机器学习模型展示新的数据时,模型能够自动将数据转化为适当的图表形式,并以一种易于理解的方式展示出来。图3-1是国外数据科学家基雷尔·本齐(Kirell Benzi)通过机器学习处理大量图像和相关单词后,获得的有关数据化概念的可视化呈现,是一组由各种经典视觉暗示组成的可视化作品:斑斓的色块、有方向的线条、丰富的形状……仔细观察,甚至可以看到各种典型的图表交织在一起。

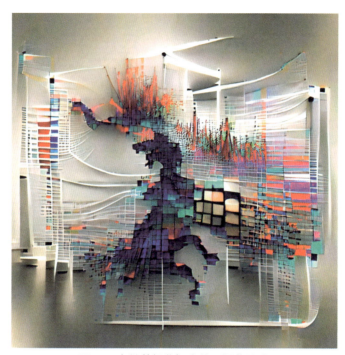

扫码查看

图3-1　有关数据化概念的可视化呈现

(图片来源：kirell Benzi)

1. 颜色

颜色是使用率最高的视觉暗示，它可以通过单一色系的不同明度色阶或者不同色相的颜色表示顺序、分类、发散等多种类型的数据。颜色具有三个属性(见图3-2)：一是色相(hue)，即人们常说的颜色的名称，如红、黄、蓝等；二是饱和度(saturation)/纯度(chroma)，当颜色是纯净的、没有与其他颜色混合时，我们称这种颜色具有高饱和度，高饱和度的颜色看起来更鲜艳；三是明度(brightness)，表示颜色的亮或暗。增加白色会提高明度，使颜色变亮；而增加黑色会降低明度，使颜色变暗。

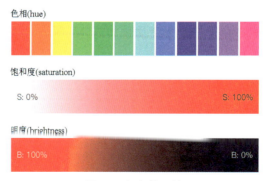

图3-2　颜色的属性

颜色在数据可视化中起着非常重要的作用，它可以帮助我们传达信息、突出重点、引导视觉注意力，并提升用户体验。

首先，通过颜色区分类别，能够让不同类别在图表(如柱状图、饼图、散点图等)中更加明确可辨。其次，颜色还可以用于表示数量或程度，例如在热力图中，颜色的深浅可以表示数值的大小，通常用深色表示高值，用浅色表示低值。再次，通过颜色对比强调重点，使用较为明亮、鲜艳的颜色，可以将关键数据或重要信息突出显示，吸引用户的注意力。最后，颜色也有一些更为高阶的用法，比如用合理的色彩搭配提升可视化的美感和可读性、借助色彩互动在交互可视化环境中实现用户与数据的对话。

图3-3是结合美国各地针对荨麻疹疫苗的引入情况所制作的热力图，借助颜色对比，有效展示了疫苗使用情况：双色渐变的颜色映射了数据的高低变化趋势，1960年后，荨麻疹疫苗的引入明显减少了。

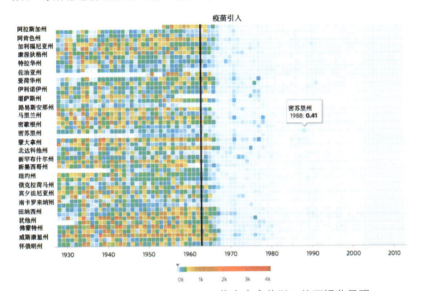

扫码查看

图3-3　荨麻疹疫苗引入的可视化呈现

(图片来源：Visualising Data)

2. 位置

位置是数据数值的空间分布，通常会结合坐标系或地理位置来呈现，每个点的位置代表着数据的值和含义。位置是用来显示数据之间相关性、趋势、聚合与离群程度十分直观的组件。不同数据点的位置气泡图如图3-4所示。

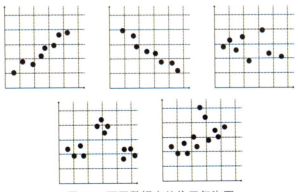

图3-4　不同数据点的位置气泡图

更进一步地，可以添加点的颜色、点的面积等其他属性，强调和丰富位置的信息层次。但位置更适合用来呈现宏观层面的数据关系，如果数据量过少，就很难通过数据点的位置呈现数据之间的关系。

3. 长度

长度是一种相对简单的表示数值大小的视觉线索。柱形图与条形图是较为经典的以长度呈现数值的统计图表，两者可以互相转置。

以柱状图为例，长度既可以表示某一维度上的不同数量，也可以用来对比不同组别的数值差异，还可以通过堆积的方式比较不同类别数据的占比情况，如图3-5所示。

图3-5　不同类型的柱状图

长度的应用需要设置参照比例尺，因为两个看起来差不多的长度可以用来映射尺度不同的数值。例如，虽然图3-6中的两张图都反映降水量，并且采用相同的单位，但比例尺是完全不一样的，即使长度相近，也不代表其映射的数值相近。

图3-6　不同比例尺的条形图

(图片来源：新京报)

4. 角度

角度可以用来传递数量与比例之间的关系，常见于饼图或环形图，如图3-7所示。首先，计算单个变量的数据与整体数据的比值，再将其转换为角度。依据角度对图形区域进行划分，可以清晰地了解到数据的组成部分与整体之间的关系。但是角度的运用需要特别注意总和是否为360°(100%)，超过或不足，都是错误的。此外，对于环形图而言，弧长才是反映数据特征的视觉线索，而并非角度。

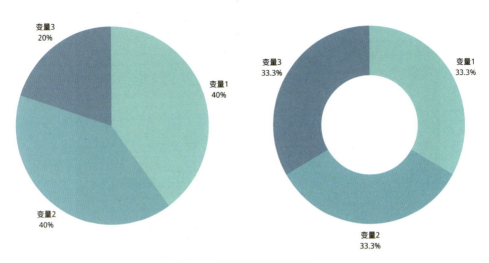

图3-7 饼图与环形图示例

5. 方向

方向可以用来表示物体之间的相对位置和运动方向，比如数值的变化趋势、流动的方向、变量的梯度等。不同指向的方向如图3-8所示。

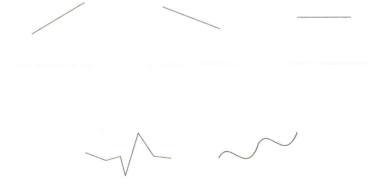

图3-8 不同指向的方向

方向可以让变量更具解释性，让数据在时间维度、空间维度或其他维度上的变化更加简明。优秀的方向指引能让用户清晰地了解数据或事件的方向。图3-9 展示了瑞士公司所有员工与外部世界之间1天的电子邮件交流，其中每个点要么是员工，要么是外部通讯员，以所属业务部门着色，我们可以清楚地看到，信息流很好地分布在不同的分支机构。

扫码查看

图3-9 方向可视化图片示例

(图片来源：Kirell Benzi)

6. 面积

面积即二维图形所占平面的大小，面积有多种表现形式，有圆形、正方形、扇面、弦形等。在常见面积图中，面积与折线相结合可显示某一变量随着时间或类别变化的趋势；在一些气泡图中，圆点的面积大小可以显示变量的大小或程度；在极区图(即南丁格尔玫瑰图)中，面积与角度相结合可以让多类别的数据变量更易比较，如图3-10所示。但面积的使用需要特别注意计算公式、排版、色彩等问题，同时也要避免面积的重叠或颜色区分度不高的情况发生。

图3-10 不同种类的面积图示例

6. 形状

适当的形状可以作为重要的视觉变量来显示数量和分类变量间的关系。形状可以用来表示不同的类别或数量值的不同状态或趋势。在数据可视化中，我们常常使用具有不同形状的散点图、系列图来呈现数据。除了基础形状外，可以充分发挥想象，结合主题设计形状，并将其应用到图表场景中。如图3-11所示，在这张世界花卉出口市场的海报中，花朵代替了传统的气泡，被用作指代鲜花出口的国家，花朵的大小则代表出口额的大小。

图3-11　2021年世界花束出口市场海报

(图片来源：Kirell Benzi)

合理利用形状可以更好地契合主题，也能让可视化作品更加鲜活。如图3-12所示，这张2023年值得关注的11个技术趋势的信息图表，形状被作为重要的理解线索嵌套在可视化中。超级应用程序、金融科技、生物基材料这类晦涩难懂的技术专业名称被各种形象化的形状替代，图片整体更具可读性与观赏性，一下子消解了用户在阅读报告时的沉闷感。

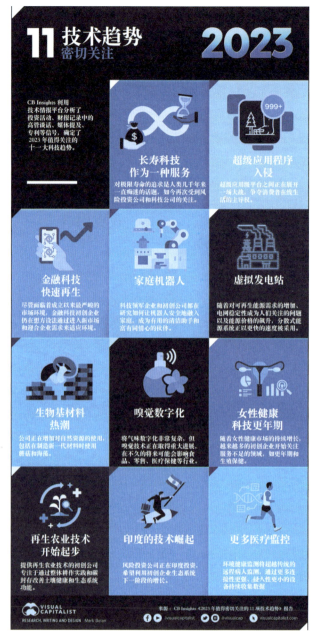

图3-12　2023年值得关注的11个技术趋势

(图片来源：Visual Capitalist)

3.1.2　坐标系

坐标系是一组用于描述物体位置的规则和标准，可以为空间中的数据点建立参照系。坐标系的原点是一切参照的基本点，数据的位置信息都以原点为基准点来度量和表示。坐标轴是连通原点和其他点的线段，有方向性，一般可以分为正半轴与负半轴。坐标轴可以使空间中任意点都可以用数值表示，进而方便计算和比较。坐标轴上的刻度尺是表示位移或者角度大小的工具,是唯一可以确定空间中某个数据点位置的测量系统。在绘制图表时,标注坐标轴可以帮助读者准确地了解图表所代表的值域、单位以及数据间隔等信息,确保数据表达的准确性和有效性。

总体来说,坐标系统可以按照维度、位置标定、坐标轴方向等多种方式分类。在可视化图表中,常见的坐标系主要是直角坐标系、极坐标系、地理坐标系与投影坐标系。

1. 直角坐标系

直角坐标系也被称为笛卡儿坐标系,由两条(在二维空间中)或三条(在三维空间中)相互垂直的轴组成,这些轴被称为x轴、y轴和(在三维情况下的)z轴。直角坐标系的优点在于将问题简化到各个轴上单独处理,使得许多数学问题和计算更容易。在数据可视化中,直角坐标系是较常用的坐标系统,用于创建各种图表,如散点图、折线图、柱状图等。

2. 极坐标系

极坐标系是一种二维坐标系统,每个点在平面上通过距离和角度来表示。在极坐标系中,点的位置由它到原点(或参考点,也被称为极点)的距离,以及它相对于参考方向(通常是x轴正向,也称为极轴)的角度来确定。在数据可视化中,极坐标系也被用来创建一些特定类型的图表,如雷达图和极坐标直方图。

3. 地理坐标系与投影坐标系

地理坐标系是一种用于标识地球表面上点位置的坐标系统,通常使用经度和纬度进行表示。这种球面坐标系被广泛应用于导航、地图制作、GPS定位系统、气象预报等领域。地理坐标系有多种类型,常见的包括WGS84(见图3-13)、ITRF、CGCS2000等。

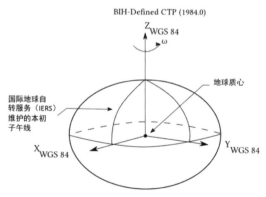

图3-13 WGS84坐标系

投影坐标系是一种将地球表面上的经纬度坐标转换为直角坐标的方法,地理坐标系与投影坐标系是一对多的关系。但与地理坐标系不同的是,投影坐标系是将地球表面上的三维曲面展开为二维平面,在过程中会出现形状与面积的扭曲、拉伸和压缩。因此,投影坐标系涉及映射投影方式、中央经线、坐标单位、翘曲形式等多个组成部分。

常见的投影方式有高斯-克吕格投影(等角横轴切椭圆柱投影)、通用横轴墨卡托投影

(等角横轴割椭圆柱投影)、墨卡托投影(等角正轴圆柱投影)、兰勃脱投影(等角正轴割圆锥投影)等。

以高斯-克吕格投影(gauss-kruger projection)为例,这种投影方式更像是把地球塞进一个横向的圆柱体中,然后将地球的表面投影到这个圆柱面上,并将圆柱体展开成平面图,如图3-14所示。与地球的南北线相交的是圆柱体的中央经线,这条经线上的投影与地球表面完美匹配,不会导致形状产生变化;然而,随着投影面往东西两侧扩展,地球表面的图形会逐渐扭曲和失真。该投影技术在地图制作中应用广泛,为我们提供了极其精确和实用的视觉表现。

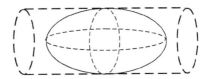

图3-14 高斯-克吕格投影示意图

注:粗虚线表示投影面(椭圆柱面);细虚线表示子午线、赤道;实线表示参考椭球。

投影坐标系对地球表面的弯曲和曲率进行了减法,并对空间图形进行适当的形变,使得数据在地图上更加直观和易于理解。利用投影坐标系,数据可视化领域中的点状地图、等值线图、热力图等图示方法可以更加精准和直观。

使用合适的坐标系可以展示更多有趣的数据关系。在绘制可视化图表时,注意以下事项可以让整个图表更加美观和清晰。

(1) 坐标轴的轴线颜色及虚线类型应选择适合数据的颜色及虚线类型。

(2) 图表在坐标轴及其标签上应尽量保持简洁清晰,避免过度填充。

(3) 为坐标轴添加正确、明晰的标签和单位,让用户更好地理解和使用图表。

(4) 根据数据特征选择合适的坐标轴比例,使其符合真实比例。

(5) 坐标轴需要显示整个数据范围,以避免信息的丢失。

3.1.3 标尺

标尺是用于表示数据值与图形之间关系的工具。它为理解和解释图表中的数据提供了关键信息。它可以是任何度量数据的系统,如数值标尺、分类标尺或时间标尺。在实际操作中,通常基于数据类型和可视化目的选择合适的标尺。

1 数值标尺

数值标尺是一种描述连续数量的标尺,用于确定数据的大小,通常表现在坐标轴上,且有一定的数值范围。数值标尺有数值相对较小的等距标尺,也有用于表示相对比例的百分比标尺,还有适用于数据变化较大的对数标尺。数值标尺的经典应用场景包括折线图、柱状图、散点图等。例如,在绘制股票走势图时,我们会采用折线图,图上刻度可以表示不同的股票价格、交易量等信息。在选择刻度时,应该选择自然的、恰当的间距，避免出现数据点过于密集或过于稀疏的情况。

2. 分类标尺

分类标尺用于描述不同的类别以及它们之间的关系，可以表示诸如性别、职业或地理区域等离散数据。分类标尺通常包括有序分类和无序分类两种。刻度可以表示每个分类的数量。分类标尺的一个常见特征是分组显示数据，比如条形图的每个柱子表示一个分类。例如，在绘制国家人口统计数据时，我们可以通过刻度表示每个省市的人口数量。

3. 时间标尺

时间标尺是用于表示时间序列数据的标尺，使读者更好地了解数据的趋势和变化情况。时间标尺常见的特征是刻度对应于时间单位，如年、月、日、时等。线性时间表示时间的顺序是均匀分布的。除此之外，还有一些非线性的时间，刻度的间隔会随一定的比例延伸逐渐增大。时间点还可以与极坐标系相结合，用半径表示时间戳，角度表示时间序列数值。

3.1.4 背景信息

背景信息不直接表示数据，主要是帮助读者更好地理解数据，并将可视化组件融入整个展示。背景信息不应该过于复杂或分散读者对主要数据的注意力，而应该增强他们对数据的理解和信任。背景信息可以包括以下内容。

(1) 标题。标题展现了可视化的核心内容和主题，目的是提供数据的概要，帮助读者快速了解数据可视化的主要目的和内容。合理的标题应该简洁明了，醒目突出。

(2) 数据来源。数据来源标明数据来自哪里、何时收集、收集的方法和目的等。

(3) 参考线或基准。参考线或基准可以帮助读者理解数据的相对大小或变化。

(4) 数据的范围和分布。例如，数据的最小值、最大值、是否存在异常值等。

(5) 解释和注释。如果数据或可视化包含可能不为读者熟知的信息，那么提供解释和注释是很有帮助的。

3.2 数据呈现的形式

视觉表征是外部事物通过视觉符号在心理活动中的内部再现，决定了信息在人头脑中储存的形式和组织结构[1]。为了更好地展示数据和结果，数据可视化被广泛应用，呈现为静态可视化、动态可视化和交互可视化。不同的可视化形式可以构建不同的信息场景，具有不同的优势和局限性，因此需要考虑数据本身的内容特征、信息与其指代客体之间的关系、可视化组件的呈现特征、传递的主题思想这几个方面，选择和应用不同的可视化技术。合适的可视化方式将有助于提高数据的可解释性，能够更好地发挥数据的价值。

3.2.1 静态可视化

静态可视化是指以图像或图表的方式呈现数据，通过相应的标签和注释来说明和解释数据。这种呈现形式的应用场景非常广泛，是最灵活的可视化方式，同时也可以作为具有更高交互要求的数据可视化基础组件。这种形式的可视化适用于数据体量适中或不需要频繁更新数据的场景，并且具有易于储存和分享的优势。

静态可视化的形式按整合程度可以分为三种：单张静态图表、序列静态图表和同步静态图表。单张静态图表通常将信息内容和想要呈现的主要关系显示在一张图表中。序列静态图表则将信息内容通过分段的方式逐步呈现(见图3-15)，与动画序列图的形式颇为相似。而同步静态图表是一个包含多种关系图表的组合，它可以被用来集中描述某个特定的分析主题或揭示特定结论。一般情况下，同步静态图表将多个局部信息按照一定的排列逻辑展示，这些独立的局部信息之间会存在着一些并列、对比、主从、主次或渐进关系，同时依赖图像的形态设计和整体布局来引导受众对信息点之间的关系进行认知和导出结论[2]。

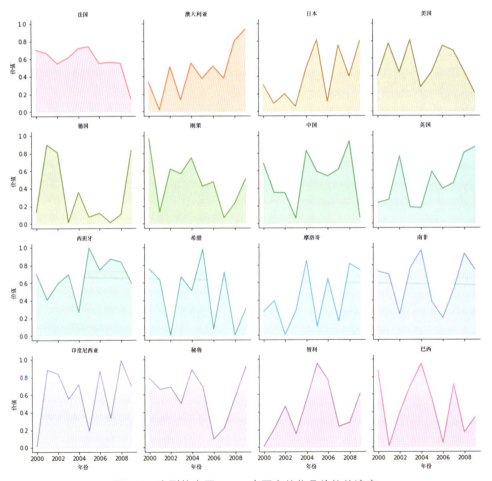

图3-15　序列静态图——16个国家的物品价值的演变

(图片来源：The Python Graph Gallery)

在现代可视化软件界面中，通常使用仪表盘来展现数据的整体状况。静态的仪表盘可以被看作一种显示各种指标和图表的同步静态图表。用户可以根据自己的需求和偏好对仪表盘进行配置，以便直观地监测和分析数据。图3-16是FineBI数据可视化软件制作的商业仪表盘示例，通过条形图、折线图、地图等多种图表的结合来展示多层级、多维度的数据。

图3-16　FineBI商业仪表盘

除了上述分类方式外，爱德华·塔夫特(Edward Tufte)将信息图表分为统计图表、时间轴、数据地图、类比关系图形四大类别。

1. 统计图表

统计图表是用来展示统计数据的图形工具，也就是我们在Excel中常用的条形图、柱形图、折线图、饼图等。表格也是统计图表的一种，虽然它更多用于展示数据本身而不是数据的关系或趋势。

2. 时间轴

发展性的信息虽然是动态的数据，但也可以用静态的可视化方式呈现。时间轴是用来呈现具有时间历程信息的可视化方式，它可以回溯一段历史的关键时刻、梳理新闻事件的发展脉络、追踪一些重大项目的节点、整理文学作品中的故事情节、串联个人的成长历程、展示纯数据的变化……通过时间轴，创作者可以更加明晰地组织与呈现信息，读者也可以快速获得大量关键信息，而不必通览全篇。

最简单的时间轴图表只需要一条线、几个点、几个关键词与时间标签。打开想象力的开关，普通的时间轴就可以实现"七十二变"，例如将直线换成有趣的图形，也可以干脆用抽象的图形替换掉线条；又如结合形状、人物、颜色呈现节点。如果有背景图像，则可以试着将时间轴与其进行融合。

图3-17是史蒂夫·乔布斯(Steve Jobs)的创业之路的可视化呈现，这个图表不仅将起点、终点与人物的个人信息和职业特征进行了联想，还将时间节点换成了更加具有人物

经历特色的图形。

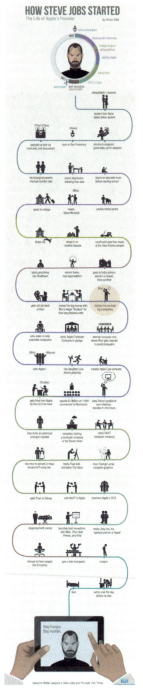

扫码查看

图3-17 史蒂夫·乔布斯创业之路的可视化呈现

(图片来源：Adioma)

图3-18为2022年3月14日豆瓣小组发帖时间轴，该时间轴完全被一整个表盘代替，表盘的刻度既是时间标尺，也是时间轴的节点。发帖指标按照表盘的刻度分割向外发散出去，横线堆积的数量代表了发帖数量，覆以颜色后可以更加清晰地表达豆瓣小组上

"42%的帖子发布时间集中在0点—5点"这个重要结论。

扫码查看

图3-18　2022年3月14日豆瓣小组发帖时间轴

(图片来源：澎湃美数课)

3. 数据地图

随着科技的发展，地图成为一种非常重要的数据可视化工具，作为区域、位置、空间等信息呈现时的特定背景。在地图上，空间地理信息天然成为数据的注脚，可帮助观众深入了解数据故事。地图也可以与其他图表结合，提供更多的数据视角。

图3-19是基于腾讯地图制作的，显示了北京、上海、深圳三个城市在元宵后两周的交通情况，可以看到创作者用黄橙色线条标注出道路的拥堵情况，颜色越深代表拥堵情况越严重。通过三地对比，可以发现，北京、深圳的道路普遍比2021年更加严重拥堵，且多存在于城市中心地段。

图3-19　2022三地元宵后交通数据地图

(图片来源：澎湃美数课)

除了基于地理坐标系的数据地图，还有一些轮廓画地图，通常运用大面积简化的色块和线条将区域进行划分，将复杂的地理信息进行简化，从而突出重要数据与地理位置本身的关系。例如，自2008年起，媒体在报道美国大选时通常会使用"选举地图"，用红色代表共和党，蓝色代表民主党，在地图上标注出两党候选人赢得的选区，以分析和预测大选结果。地图不仅是信息传递的工具，更是帮助我们理解和解释复杂空间关系的利器。

4. 类比关系图形

顾名思义，类比关系图形就是指一种通过将不同事物之间的相似度以符号或者图形的形式表现出来的视觉表达方式。与统计类数值的可视化呈现不同，类比关系图形侧重于对文字信息的加工阐释。类比关系图形的设计体现了一定的非语言思维模式，抓住数据信息本身的特征才能够直观地解释一些抽象或复杂的概念。

在图3-20中，创作者运用图形来类比各种哲学思想。例如，唯我论强调生命的意义只能通过一个人的思想来了解，而不是通过与其他生命的关系来了解，所以它的图形是一个人与一面镜子，而镜子里的人依旧是他自己；决定论的可视化呈现的主体是被控制的人，仿佛提线木偶一般的人物传递的是决定论中凡事都预先确定的世界观，人无法拥有自由意志。

图3-20　各种哲学思想的可视化呈现

但纯粹的图形在很大程度上依赖于社会通用的理解，如果是涉及特定文化层面的意义，图形本身很有可能就会成为阅读障碍。例如太极是中国道教的标志符号，用手托住太极图的图标可以让熟悉该符号的人轻松联想到中国道教，但对其不了解的人则很难猜出其具体指代。同样地，中国儒家思想注重仁德，主张家庭的重要性，作者用两个大人和一个孩子的形象来寓意家庭，这也在无形中设置了文化门槛。

3.2.2　动态可视化

动态可视化可以让视图基于数据在每一帧中展现和变化。相较于静态可视化，动态可视化十分吸引眼球。制作好的动态图表可以选择GIF或短视频两种效果呈现，也可以将其嵌入H5页面中，让其更加美观，更具体验感。

例如在《30秒看30年，上海地铁如何炼就多项世界第一》这一数据新闻(见图3-21)中，作者使用GIF动图直观地向读者呈现了上海地铁30年来的建设历程。

扫码查看

图3-21　上海地铁三十年来的变迁

(图片来源：澎湃新闻)

短视频通过动画、图形和文本等元素来传达信息，能够将数据编织成一个引人入胜的故事，从而提升数据可视化的吸引力和可理解性。例如在"外交熊猫"这个短视频中，作者通过有趣的动画效果将大熊猫的真实影像和多种数据图表有机结合，配合文字和旁白，向我们讲述了161只"外交"大熊猫的情况。

扫码查看

图3-22　"外交熊猫"短视频界面

(图片来源：澎湃美数课)

3.2.3 交互可视化

交互可以理解为用户与数据呈现形式之间的对话。在此过程中，用户能够自主地参与、操作数据的可视化，满足个性化的数据探索需求，并获得即时的数据反馈和结果展示。

交互式图表和界面尽管通过交互技术来支持信息读取和辅助认知，但其内部单元信息的表征还是静态的图表或动画。除了包括静态图表和动画，交互可视化还可以包括交互元素，如滑块、按钮、下拉菜单等，用于用户与可视化进行实时的交互操作。这些交互元素可以改变图表的显示方式、过滤数据、切换视图等，从而使用户能够更深入地探索数据和获得更丰富的信息。因此，交互可视化的内部组成是一个集合，包括静态图表、动画和其他交互元素。

交互可视化与动态图表都具有一定的动态特征，两者之间最大的差别在于是否存在用户操作。动态图表几乎不需要用户进行任何其他操作，便可直接展示其预先设定好的运动路径或动画效果；而交互可视化需要用户通过鼠标或其他设备进行一定的指令操作。

根据交互的复杂程度、用户参与度以及功能特点，可以将交互可视化分为低阶交互、中阶交互、高阶交互和游戏交互。但这些交互方式之间并不存在严格的界限划分，使用时需要根据具体的用户需求、使用场景、数据规模、技术基础、可视化目的来选择和组合。

1. 低阶交互

低阶交互是建立在基本的交互操作方式上的，通常通过鼠标单击、拖拽和滚动等简单的操作来实现对一些基础图表的数据探索。这些交互操作方式相对简单易懂，不需要用户具备复杂的操作技能或专业知识，可以通过直观的鼠标操作来完成，选择数据、缩放图表、切换视图等。举个例子，在一个柱状图上，用户可以通过鼠标单击选择一个柱子，以查看该类别的详细信息；在一个时间轴上，用户可以使用滚动条来调整时间范围，以查看不同时间段的数据趋势；在一个地图上，用户可以使用鼠标滚轮来缩放地图，以查看不同层级的地理数据。

在图3-23中，将鼠标悬停在占据比例最大的色块上，该图表便会弹出学术前沿分类中占比最大的类别名称、数量以及数量占比三个更加具体的信息，并且不会干扰到总览数据界面。

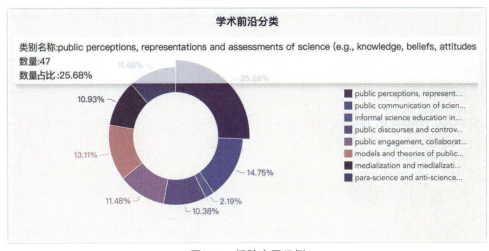

图3-23 低阶交互示例

2. 中阶交互

与低阶交互相比，中阶交互的用户操作指令更加丰富、灵活，包括数据过滤、排序、切换视图等功能。如果说低阶交互的数据界面基本不会发生太大变化，那么中阶交互环境下，用户通过交互操作则能够改变图表的显示方式和数据呈现，从而探索数据的不同维度与相互关系。

如图3-24的"Histography"是一个互动的时间表，根据维基百科绘制了从大爆炸到2015年期间的历史事件，每个点代表一个事件。将鼠标悬置于某个点便会显示其对应的事件，通过鼠标单击可以获取更多关于该事件的信息(可扫描二维码查看交互视频)。

扫码查看

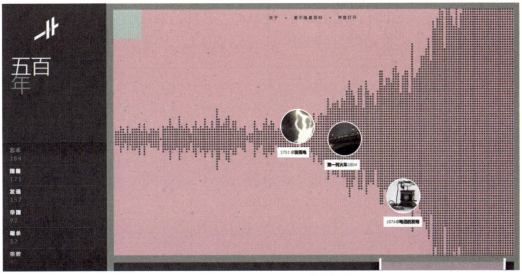

图3-24 "Histography"互动时间表1

通过单击时间导航栏或拉动时间轴，读者还可以选择自己感兴趣的历史时段，如图3-25所示。

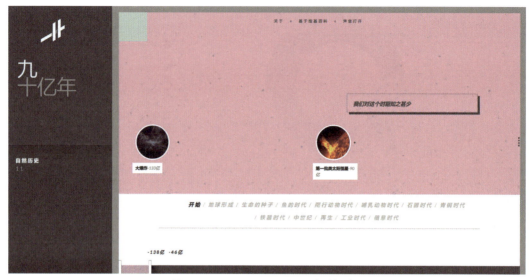

图3-25 "Histography"互动时间表2

3. 高阶交互

与中阶交互相比，高阶交互更加注重动态与实时性，可以实现实时数据更新、动画效果等，使用户能够更直观地观察数据的变化和趋势。在用户参与方面，中阶交互主要侧重用户对数据的选择、过滤和比较等基本操作，用户对数据探索有限；而通过高阶交互，用户可以通过自定义查询、过滤、排序等方式来探索数据。在功能特点方面，高阶交互具备更多高级功能，如数据筛选、分组、聚合、排序、联动等。在用户体验和效果方面，中阶交互注重简洁、直观的用户界面和交互方式，以提供良好的用户体验；而高阶交互注重交互效果和反馈，通过优化、过渡和视觉效果等方式增强用户的感知和理解。

例如，迈克·波斯托克(Mike Bostock)等人在《租房好还是买房好》(*Is it better to rent or buy*)一文中开发了一个预算计算器，来帮助读者对租房和买房进行选择。计算器考虑到了房屋价格、居住时间、贷款利率等多种因素，每种因素都用一张图表描述，图表底部有一个可移动的刻度表，用以选择数据，最终计算得出月租金额(见图3-26)，如果读者能够以该金额或者更低的金额租到房子，那将比买房子更划算。该类交互可视化能够满足读者个性化的需求，是解决实际问题的有力工具。

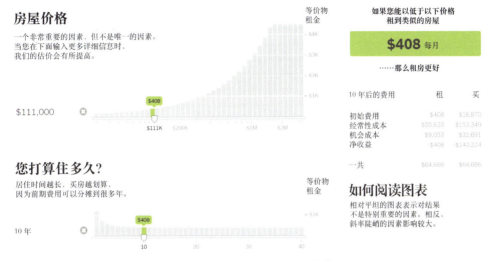

图3-26 波斯托克等人开发的房租计算器界面

(图片来源：纽约时报)

4.游戏交互

游戏交互是游戏形式与数据可视化相结合的一种数据呈现方式，图表化身游戏环境，而用户与游戏环境进行互动，通过操作游戏中的角色、物体或界面元素来影响游戏的进行和结果。在数据可视化中，游戏交互可以用于增强用户对数据的理解、探索和参与。动态、沉浸式是游戏交互的特色，游戏交互可以让用户根据自己的兴趣和需求，自由地选择和操控数据的展示方式和视角。

例如"Data Dealer"是一款旨在引起人们对个人数据隐私和数据经纪行业的关注的在线模拟游戏(见图3-27)。游戏中，玩家扮演数据经纪人，通过收集、处理和出售虚拟个人数据来赚取游戏内的货币。游戏的目标是建立一个成功的数据经纪帝国。游戏交互让玩家可以更好地了解个人数据的价值和如何被利用。除此之外，它还提供了一种互动的方式来探索数据保护和隐私问题。

图3-27 游戏交互Data Dealer界面

在游戏交互中，虽然与用户的交互方便了数据的分享和讨论，但交互效果过多，可能会影响可视化的美感和界面简洁性，所以交互的目的始终还是在于改善数据，让其更具可读性和易用性。

3.3 可视化方式的选择

我们需要从多个方面来考虑使用何种方式来呈现数据。首先，我们需要考虑数据类型，例如文本数据可能需要使用词云、标签云或者标签列表等方式进行可视化，而关系数据可能需要使用网络图、树状图或者力导向布局图等方式进行可视化。其次，我们还需要考虑观众的需求和探究的目标，例如对于新闻报道中的数据可视化，有时需要侧重新闻故事的叙述，有时需要对数据进行深入或简明的总结，有时需要通过交互设计满足不同用户的需求，让数据变得更加灵活与个性化。这一小节，我们将进一步感受可视化方式的多样性。

3.3.1 文本数据可视化

我们身处于一个信息爆炸的时代，每时每刻都在接受来自互联网的文本信息。相比于图像、语音、视频，文本信息生成成本更低、速度更快。面对海量的文字信息，文本可视化技术是处理信息的强大工具之一。通过文本可视化，如词云、文档散、Word Tree、Senten Tree、SparkClouds、ThemeRiver、Storyline等，人们可以更加清晰地感知文本信息中的逻辑结构、词频分布、向量关联、情感因子、动态演化规律等特征，从而更全面、更深入地理解和利用文本信息。

1. 词云

词云(word cloud)通常用于显示文本(如演讲稿、社交媒体帖子、产品评论等)的关键词，帮助用户快速了解文本主题。在词云中，常见的单词会以更大的字体或更醒目的颜色显示，以表示它们在文本中出现的频率。这为用户提供了一种快速了解文本主题的方式。图3-28就根据豆瓣小组、齐鲁人才网等的公开数据统计出了网友想要做副业的原因。经过文本信息的处理，不同字号大小的词语文本聚集在一起，呈现钱袋的形状。"搞钱""爱好""体验另一种生活""空余时间多"等词汇格外突出。词云有不同的排版样式，有的软件甚至可以给词云图设计花朵、飞机之类的聚集形状。颜色也可以用做强调关键词，使读者快速捕捉到文本重点。

尽管词云能够提供一种快速理解文本主题的方式，但它们也有其局限性。一是词云无法传达单词之间的关系，也无法表示词组或短语的意义；二是词云通常无法传达文本的情感色彩，例如，一个单词可能在正面和负面的语境中都出现，但词云无法区分这两种情况。

扫码查看

图3-28　想搞副业的原因

(图片来源：搜狐四象工作室)

2. 文档散

文档散(DocuBurst)是一种可以呈现文本结构的可视化方式。它通常是一种向外放射状的、多层次的圆环图形。我们可以先把其想象成一种聚拢形态的树形图，不同层级关系的关键词都出现在子树上。单词出现的频率等于该单词在子树中出现的次数之和。也就是说，如果这个单词在文档中出现很多次，那么在树形图中它的子树将比较大，反映到文档散中就是圆环弧度越大。此外，具有上下层级关系的关键词都有着相同的颜色。

假设我们有一个关于食物的文档，我们想要通过DocuBurst理解文档的主题和结构。我们可以创建一个词汇树，其中"食物"可能是树的根节点，"水果"和"蔬菜"可能是下一级的节点，更具体的水果和蔬菜类型是下一级的节点。每个节点的大小可能表示该单词在文档中出现的频率，这样我们就可以一目了然地看到文档的主题和重点。

DocuBurst也可以包含交互功能，让用户可以通过单击节点来探索文档的不同部分。需要注意的是，创建有效的DocuBurst可视化需要高质量的文本分析和自然语言处理技术，以正确地识别和分类单词，理解单词之间的语义关系。

如图3-29展示了一本科学教科书中的单词结构。

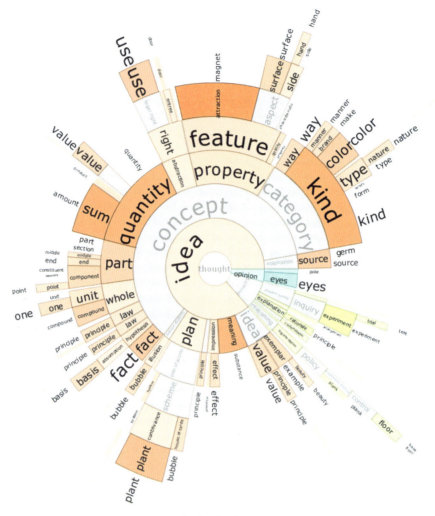

图3-29　一本科学教科书中的单词结构

3. Word Tree和Senten Tree

Word Tree和Senten Tree都是用于文本数据可视化的工具，主要用于表示和探索文本中的词语模式和结构。它们都以树形结构的方式展现信息，但是有一些关键的差别。

Word Tree是一种以单词为中心的树状结构。它把句子中的每个单词都作为一个节点，通过节点之间的关系展示这些单词之间的语法和语义关系。这可以让读者看到哪些词经常一起出现，或者哪些词经常出现在特定的上下文中。Word Tree通常用于探索大量的非结构化文本数据，如新闻文章、社交媒体帖子等。

而Senten Tree更注重表现整个句子的语法结构，并且与Word Tree不同的是，SentenTree主要用于探索单个句子或小量的文本数据。它把句子分成了不同的层级，每个层级代表句子中的一个语言单位(如词、短语、从句等)。每个语言单位都有自己的父节点和子节点，形成了一个树状结构。这种树状结构能够让我们更清晰地了解句子的结构和意义。

以有关世界杯的推文为例，我们首先需要对大量推文的数据集进行标准化、标记化以及去除无关词语等操作，得到"观看"和"进球"两种叶子模式。如图3-30所示，黑体字的词是添加到父模式中的新词，以生成当前的模式。括号内的数字是每个顺序模式的支持率。通过选择频率最高的叶子模式，添加到树上，得到支持度更高的"观看"模式和"进球"模式。接着，通过在包含"进球"的推文子集中寻找下一个频率最高的模式，构建顺序模式，得到"第一个进球"，以及"世界杯第一个进球"等更具体的模式。最终，得到多种叶子模式并构建成Senten Tree(见图3-31)，其中每个叶子模式都有不同的支持度和出现次数，展示了文本数据的特征和结构。

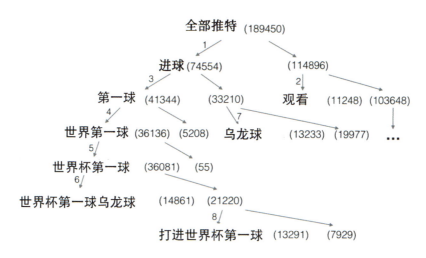

图3-30　Senten Tree生成前的模型

(图片来源：Visualizing Social Media Content with SentenTree)

图3-31　世界杯数据集的Senten Tree可视化

(图片来源：Visualizing Social Media Content with SentenTree)

4. SparkClouds

SparkClouds是一种独特的数据可视化方法，将词云(word clouds)和其他图表(如折线图、小提琴图)相结合，用于展示文本数据中的词汇及其随时间的变化。SparkClouds能够帮助用户快速了解文本信息并发现关键词。如图3-32所示，字体的大小代表了给定时间内词汇的出现频率，为了显示每个标签随时间变化的趋势，标签底部引入了简化的小折线图。

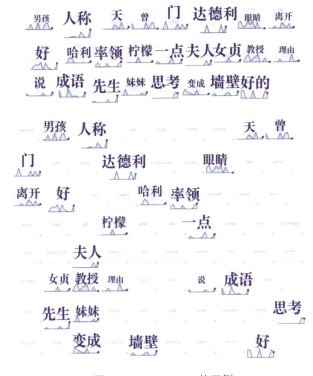

图3-32　SparkClouds的示例

(图片来源：SparkClouds - Visualizing Trends in Tag Clouds)

5. ThemeRiver

ThemeRiver是一种具有时间轴特征的文本可视化工具。在ThemeRiver中，x轴通常表示时间，y轴表示主题的强度或重要性。每个主题被视为一个"流"，流的宽度在任意时间点表示主题的重要性或出现频率。不同河流的"流动"展示了各个主题随时间的变化，不同的主题通常用不同的颜色来表示。

图3-33使用河流图盘点了1978年到2023年政府工作报告的关键词变化，可以看出"农业"与"工业"在四十六年里被提及的次数逐渐趋于稳定；2000年左右"制造业"与"服务业"几乎同时开始被提及。

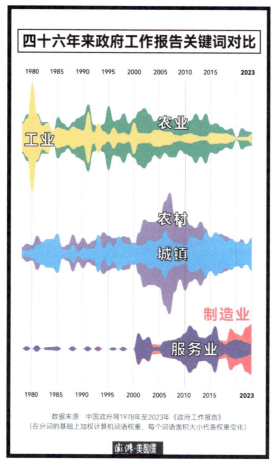

图3-33 政府工作报告关键词对比

(图片来源：澎湃新闻)

6. Storyline

在可视化领域，Storyline通常用于表示一组基于文本的实体(如人、事件等)随时间的交互和发展。它通过一系列交织的线条，呈现各个实体之间的相互关系及其随时间的变化，向读者提供直观的、易于理解的文本逻辑和内容。例如，在电影的情节可视化中，每一条线可以代表一个角色，当两条线接近时表示这两个角色处于同一场景。这种方式可以清晰地展现小说、电影等作品的情节和角色之间的互动。如图3-34为《黑客帝国》的Stroyline可视化呈现。

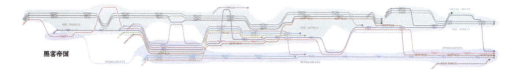

图3-34 《黑客帝国》的Stroyline可视化

(图片来源：Design Considerations for Optimizing Storyline Visualizations)

3.3.2 分类数据可视化

一般将数据按照某种标准分成若干类别或类型，这样可以更好地帮助我们识别出数据的相似之处和差异之处，进而做出更准确的分析和预测。常见的数据分类方式包括基于数量的分类、基于时序的分类、基于关系的分类、基于属性的分类等。对于不同的分类标准，我们可以选择不同的图表进行展示。对于注重某个分类的数据，我们可以采用常规的柱状图或者条形图，也可以采用稍微复杂的箱线图。饼图、南丁格尔玫瑰图、树图之类的图表也可以展示类别特征，但是这些图表还关注部分与整体之间的关系，适用于分析数据的整体构成特征和分布趋势。

1. 柱状图

柱状图(column diagram)是一种用于比较几个类别之间的差异的图表类型，可以展示不同时间、地区或组之间的数据差异。一个柱状图应包括标题、横坐标和纵坐标标签，每个柱子通常有具体数值，还可以增加注释和颜色。柱状图可以进一步分为普通柱状图、多系列柱状图、分区柱状图等。

2. 条形图

条形图(bar chart)实际上就是将柱状图进行了旋转，对应柱状图的分类，条形图也可以被分为簇状条形图、堆积条形图、百分比条形图。图3-35是一个展示不同主体在气候变化上应承担多少责任的堆积条形图。

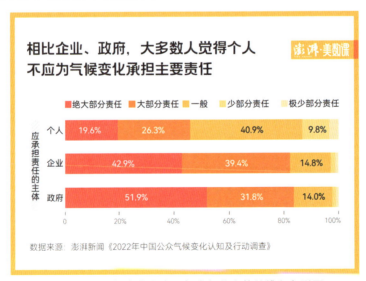

扫码查看

图3-35 在气候变化上应承担责任的主体的堆积条形图

3. 箱线图

箱线图(box-plot)又称为盒须图、盒式图或箱形图，适用于数值型数据，特别是连续型数据。它通过一组数据的最大值、最小值、第一四分位数和第三四分位数，来描述数据的分布、离散程度和异常值情况。

离散程度是描述数据集中数值差异程度的度量。离散程度大，表示数据分布更为分散；而离散程度小，表示数据分布更为集中。直观地讲，离散程度可以通过箱线图的箱体长度来推测，箱体越长，数据的离散程度越高；反之，箱体越短，数据的离散程度越低。

箱线图中的上限线和下限线，可以反映数据的波动状态。数据波动状态是指在给定的时间范围内数据值发生变化的情况。如果上限线和下限线的距离较大，就说明数据具有较大的波动性可能存在离群值；如果上限线和下限线的距离较小，说明数据的整体波动性较小。

箱线图在科学研究中应用较为广泛，可以用来呈现不同实验条件下的实验结果。例如在医学研究中，箱线图常用于比较不同治疗手段的效果，或者比较不同人群(如患者和健康人群)的生物标志物水平等，如图3-36所示。

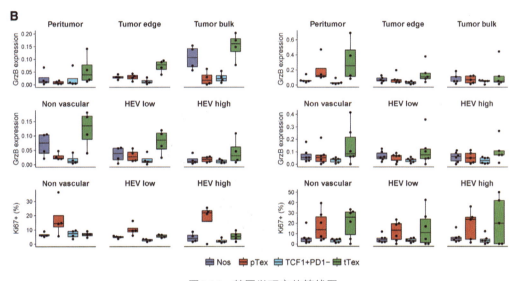

图3-36　某医学研究的箱线图

4. 饼图

饼图(pie chart)主要用于表示各个类别占总体的比例。在饼图中，整个饼代表数据的总量，而每个切片代表一个类别，其面积表示该类别的数量或百分比。饼图适用于表示几个类别的相对比例，而且这些类别的总和等于一个有意义的整体。在角度的知识点中，我们介绍过饼图的一些规则。除了常规的饼图和环形饼图外，还有多层饼图，即旭日图。多层饼图是指具有多个层级，且层级之间具有包含关系的饼状图表。多层饼图适合展示具有父子关系的复杂树形结构数据，如柑橘家族的分类、地理区域数据、公司的上下层级关系、季度月份时间层级等。

5. 南丁格尔玫瑰图

南丁格尔玫瑰图(Nightingale rose diagram，简称玫瑰图)，是一种与饼图颇为相似的直方图,常常被误认为是饼图的一种。与传统饼图外形不同的是,玫瑰图的边缘是凹凸不平的,整体呈现类似于玫瑰或者钟表状。玫瑰图的扇区实际上是不同半径大小的同心圆,半径长度代表了数据量,这一点与通过弧度展现数据的传统饼图也不同。

从玫瑰图的数值表现形式上看,它更类似于柱状图,只不过起始点不是一条轴线,而是一个圆点。玫瑰图在展示周期性数据时具有独特优势。

例如,在过去的几年中,许多公司都推出了流媒体服务,图3-37展示了各大流媒体平台的订阅量,可以发现拥有2.04个亿全球用户的Netflix占据着在数字流媒体的首要位置。

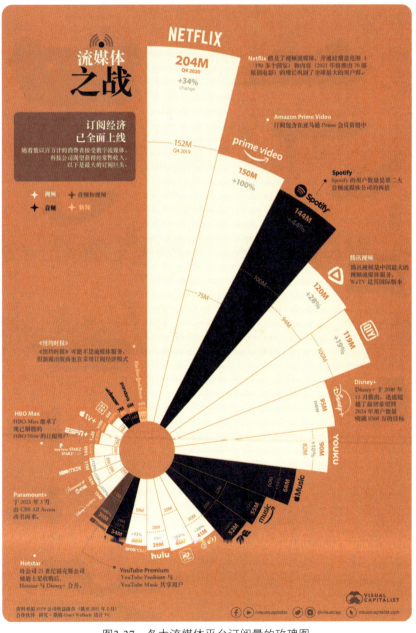

图3-37　各大流媒体平台订阅量的玫瑰图

(图片来源：Visual Capitalist)

3.3.3 关系数据可视化

1. 相关关系

散点图和气泡图是用来呈现具有相关关系数据的常见图表。

散点图中每个点代表一个观察值，其横坐标和纵坐标分别对应两个变量的值。通过散点图，我们可以识别变量之间的相关性，如果两个变量之间没有关系，那么这些数据点往往没有特定的分布规律；如果两个变量之间存在正向关系，那么这些数据点往往会聚集在一起形成一个斜向上升的直线。2019年度数据新闻应用奖的获奖作品《罪犯移民的神话》(the Myth of the Criminal Immigrant)就使用散点图证明了"移民将犯罪带入美国"的论点是错误的。报道中的散点图(见图3-38)以移民人口比例为横坐标、犯罪率为纵坐标，反映出高移民人口与高犯罪率之间没有相关性，移民甚至可能具有降低平均犯罪率的作用。

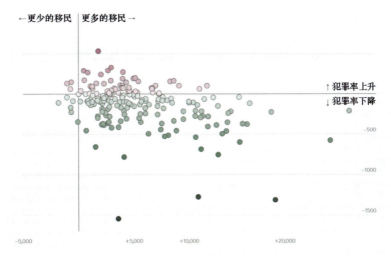

图3-38　移民人口和暴力犯罪散点图

(图片来源：The Marshall Project)

气泡图则是在散点图的基础上增加了数据呈现的维度，即通过调整点的大小或颜色来表示第三个(甚至第四个)变量。处理具有一定内在关系的数据可以优先考虑使用气泡图这类的图表。图3-39是2022年全球电动汽车产量的气泡图，该图舍弃了传统的坐标轴，对位置进行了重新布局。原始数据主要包含了三个维度，首先是全球电动汽车产量领先的15个品牌；其次是每个品牌的增长率；最后是品牌的国家分类。在图3-39中，气泡的大小代表了特定品牌的电车产量大小，气泡越大就表示该品牌的产量越大。气泡的颜色代表了品牌的增长率，颜色越深代表增长幅度越大，从图中还可以看出比亚迪等中国电动汽车品牌实现了爆发式的增长。气泡的位置是按照品牌所属的国家进行排版的，国旗的形状标识与气泡相连用来提示这一信息，具有跨国属性的品牌也被特殊标注出来。

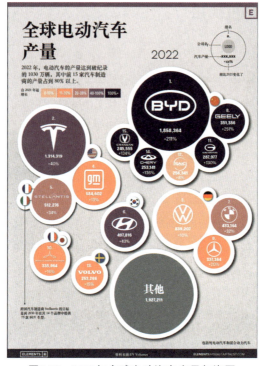

图3-39 2022年全球电动汽车产量气泡图

(图片来源：Visual Capitalist)

2. 层级关系

与相关数据相比，层级数据更加注重数据多种结构上的关系，如包含、从属、相交等。

当层次数据之间存在包含关系时，可以使用韦恩图。韦恩图通过重叠的圆形区域来表示数据之间的包含关系，重叠的区域面积越大，表示包含关系越密切。

当数据之间存在层级关系时，则可以选用矩形树图、金字塔图或者漏斗图。矩形树图用来描述层次结构数据的占比关系，能够逐级钻取，显示下层数据情况。图3-40展示了中国的粮食收获构成，其中秋粮占粮食总产量的七成以上，秋粮又以玉米为主，占比为35.6%。

图3-40 2018年中国粮食产量构成

(图片来源：澎湃新闻)

3. 网络关系

社交网络中的个体、交通网络中的车站、文本与文本之间的向量指向……这些都可以构成一对多的、具有延伸性的网络。在网络中，每个数据点通常被称为节点，例如在社交网络中，每个人就是一个节点。节点之间的关系被称为边缘，例如在社交网络中，追踪和跟随关系就是边缘。网络分析的目的是了解节点之间的关系，以及了解通过这些关系进行信息传递和互动的规律。

表示联结的网络数据一般使用节点关系图。例如，一位创作者在整理和分析了大量有关"水门事件"的资料后，为相关人物创建了一个网络图(见图3-41)，追踪这些人物是如何联系在一起的，以及整个事件是如何发展的。

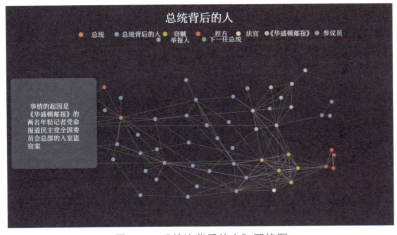

图3-41　"总统背后的人"网络图

(图片来源：Flourish)

表示分流的网络数据一般采用弦图与桑基图。弦图通常呈环形结构，将数据以弧线的方式连接在一起，形成一个闭环。弦具有一定的宽度，分别对应着流动的数值大小。弦图常用来表现复杂的、双向的关系(例如人与其他物种之间基因的联系)，以及数据的流动情况(如手机市场份额流动)等。图3-42分析了旧金山各个社区之间居民的乘车频率，以连接线的粗细来编码两个邻域之间乘车的相对频率。

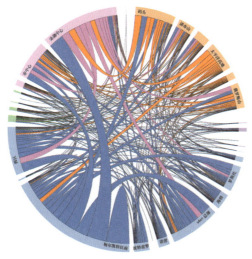

图3-42　社区内的Uber的弦图

(图片来源：bost)

桑基图由节点(node)和流量(flow)组成，节点代表系统中的各个元素或阶段，而流量则表示这些元素之间的流动关系和数量。流量的宽度通常代表了流动的量值大小，它可以直观地显示出各个阶段或不同组别之间的数据差异。图3-43展示了成年人对身材的自我认知与实际身材之间的关系，以及不同性别之间的差异。从图3-43可以发现，很大一部分的匀称女性会认为自己偏胖，因此这部分的流向线也会更粗。

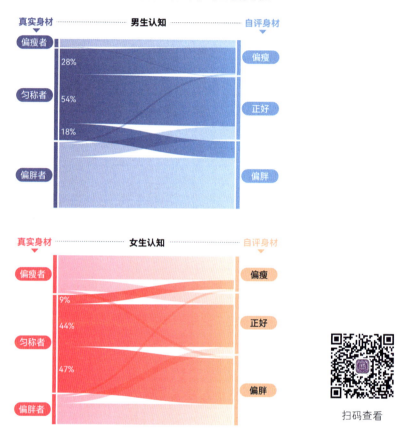

图3-43　成年人对身材的自我认知与实际身材之间的关系

(图片来源：澎湃美数课)

4. 转换关系

漏斗图是一种直观表现业务流程中转化情况的分析工具。漏斗图适用于业务流程比较规范、周期长、环节多的单向流程分析。通过比较各个阶段的数据，能够直观地发现存在问题的环节，进而帮助使用者做出决策。

漏斗图的起始总是100%，并在各个环节依次减少，漏斗图用梯形面积表示某个环节业务量与上一个环节之间的差异。漏斗图从上到下，有逻辑上的顺序关系。一般来说，所有梯形的高度应是一致的，这会有助人们辨别数值间的差异。图3-44是一张漏斗图，显示了客户从浏览商品到购买商品的转化率。

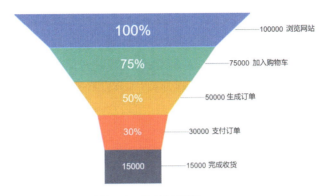

图3-44　漏斗图示例

3.3.4　时序数据可视化

通俗来说，时序数据就是带有一定时间属性的数据。常见的时序数据包括气象数据、交通数据、金融数据等。由于数据样本具有时序的依赖关系，对时序数据进行分析通常需要考虑两个维度：时间维度和数值维度。时间维度的表现形式又延伸了不同的可视化呈现方式。

《纽约》杂志根据梅森·柯里的著作《创作者的日常生活》中的内容创作了如图3-45所示的名人作息时间表。该作品用类似钟表表盘的圆形作为时间轴划分一天的时间，并用不同颜色的弧线标记出每个伟人的休息时段，这里弧长的意义由起点的入睡时间与终点的清醒时间决定，而不是角度，借助色条标出每个人的睡眠时段，一目了然，也易于理解。

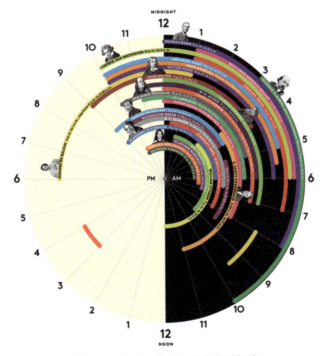

扫码查看

图3-45　史上27位名人的作息时间表

(图片来源：纽约时报)

时序数据可以分为离散时间数据和连续时间数据两种类型。对于离散时间数据的可视化，通常采用条形图、散点图等图表。这些图表可以帮助我们观察不同变量随时间变化的情况，比较不同时间点的数值差异。而对于连续时间数据的可视化，折线图、阶梯图等更为适用。折线图可以帮助我们观察和分析数据的变化趋势和变化幅度。阶梯图则可以更突出地显示数据的跃迁情况，适用于展示离散数据在时间上的变化。

分析时序数据涉及的维度主要包括以下几个方面：随着时间的变化，哪些变量发生了变化，哪些变量保持不变；数据变化是否具有某种周期性规律；变化的趋势是怎样的；变化中是否存在意料之外的波动，以及这些波动背后的潜在原因是什么。

3.3.5 空间数据可视化

空间数据是指带有空间坐标的，与物体位置、大小分布等相关的数据。空间数据用以描述现实世界中存在定位意义的事物和现象。空间数据一般较为抽象，难以用文字清楚地传达，而通过地图的形式能够帮助读者建立空间感，直观地揭示地理位置与数据之间的关联，以便读者挖掘更深层次的信息。

数据地图的空间表达实际上是通过不同的"地图图层"叠加实现的。首先，每个数据地图都具有"底图层"，类似于Photoshop中的背景图层，如地表卫星图、二维地形图等。其次，根据不同的目的叠加不同的数据图层(如人口数量、站点分布等)，以显示变量之间的关系。下面介绍几种常见的数据地图形式。

1. 点地图

点地图可以理解为散点图与地图的结合，将特定位置在地图中标注出来，用于呈现特定事物的地理分布情况。地理位置数据还可以结合点的面积、颜色等视觉变量描述各点的权重情况。例如2019年5月13日DT财经发布的报道《3万条航班数据背后，230座城市的天空之战》(扫描二维码查看)中，"2018年全国机场中心度分布地图"将所有机场的位置投射到地图中，并以颜色的纯度来反映节点在网络中的重要程度，表明机场中心度分布呈现出东高西低、南高北低的特点，揭示了机场的中心度与地区经济发展之间的相关性。

扫码查看

2. 流向地图

线数据通常指代一定的流向。流向地图在地图上显示信息或物体从一个位置到另一个位置的移动及其数量，通常用来显示人物、动物和产品的迁移数据。单一流向线所代表的移动规模或数量由其粗细度表示，有助显示迁移活动的地理分布。流向地图多应用于区际贸易、交通流向、人口迁移、购物消费行为、通讯信息流动、航空线路等场景，也可应用企业货物运输，供应链管理。图3-46展示了上海跨城通勤群体的流向，最粗的线条链接上海和昆山，说明在这两地通勤的人数最多。

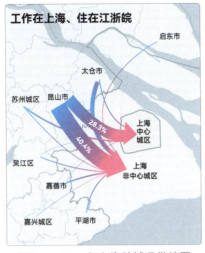

扫码查看

图3-46 2022年上海跨城通勤地图

(图片来源：澎湃美数课)

3. 热力地图

热力地图是热力图与地图的结合，将大量数据信息的密度和趋势通过色彩的渐变展示出来。在热力地图中，颜色较深或颜色更暖(如红色)的区域表示数值较大，颜色较浅或颜色更冷(如蓝色)的区域表示数值较小。图3-47反映了2023年苏州"五一"假期公众的出行数据，读者可以直观地感受到空间区域的人群密集程度。

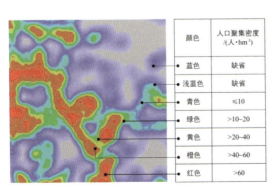

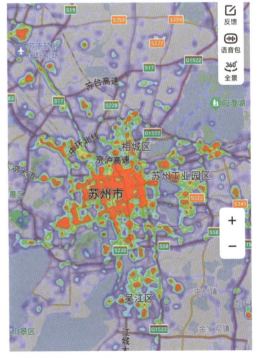

图3-47 2023年苏州"五一"假期人口密度图

(图片来源：新华报业网)

课后习题

1. 什么是视觉暗示？它在数据可视化中有哪些作用和价值？
2. 颜色作为一种常用的视觉暗示，在应用中需要注意哪些问题？
3. 在展示大规模数据时可能遇到哪些挑战？创作者又当如何应对？
4. 操作功能越复杂、动画效果越多是否意味着交互效果越好？
5. 数据呈现往往需要一定的故事叙述。请选择一个实际的数据集，并设计一个故事叙述，通过数据可视化来支持你的故事。
6. 可解释性是数据呈现的核心。请选择一个复杂的数据可视化图表，并解释如何通过标签、图例和解释文字来增强它的可解释性，使观众能够轻松理解它传达的信息。

参考文献

[1] 杨璇. 信息可视化静态图像和动画视觉表征形式选择的依据与判断[J]. 装饰, 2016(11): 121-123.

第4章 数据可视化设计原则与技巧

数据能够帮助读者更好地理解信息，但这并不意味着要展示所有的数据，应该突出那些能够支撑观点的数据。作为图表制作者，我们需要思考，在图表中呈现何种数据、呈现多少数据以及如何呈现数据，方能实现最佳效果。本章将介绍数据可视化的设计原则与技巧。

4.1 数据可视化设计的原则

作品页面混乱是设计上的失败，而不是信息自身的属性。一个好的数据可视化呈现应该简明、准确、高效，充分反映所包含的信息，从风格、元素、配色、文字、交互到其他细节，都应注重读者的视觉体验，做到美观且一目了然。

4.1.1 爱德华·塔夫特原则

数据可视化领域的先驱——耶鲁大学统计学教授爱德华·罗尔夫·塔夫特(Edward Rolf Tufte)在他的《定量信息的可视化显示》(*Visual Display of Quantitative Information*)一书中提出了一个核心观点：图表设计的目的是让读者能快速获取真实而丰富的信息[1]。

针对如何优化数据可视化作品的呈现效果，塔夫特提出了以下几个方法。

(1) 明确对照物：在统计分析过程中，最基本的分析是要回答清楚"与什么做比较"的问题。

(2) 明确因果关系：表明各个变量间直接的关系。

(3) 明确各种变化因素：世界是非常多元的。

(4) 整合各种迹象：把文字、数字、图像和图表有机整合在一起。

(5) 提供详细的标题。说明作者和数据来源，展示完整的测量比例，指出相关的问题。

塔夫特还提炼了三个判断图表设计的原则，分别是真实、简明和丰富。

1. 真实：关注畸变因子

塔夫特将图表设计中的"真实"定义为"讲述数据的真相"(graphical excellence requires telling the truth about the data)，用与数据不成比例的图像设计夸大数据间的关系，是常见的一类"欺骗"。畸变因子(lie factor)，即图形显示的效果大小与实际数据的效果大小之间的比值，也就是图形在表达数据变化时的失真程度。如图4-1所示，里程数从18增加到27.5，实际增加了53%，但图中显示的增加幅度是783%，畸变因子为14.8。为了客观地描述数据，需要避免将设计变化与数据变化相混淆[2]。

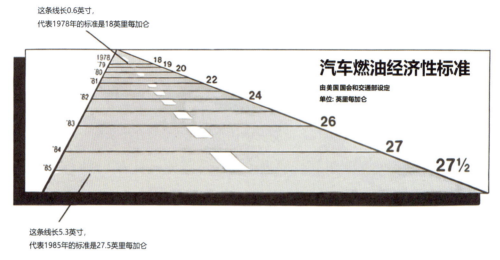

图4-1　美国交通部规定的汽车燃料经济标准图示

(图片来源：纽约时报)

2. 简明：关注数据-墨水比例

塔夫特将图表中用于呈现数据的不可擦除的元素称为数据-墨水(data-ink)，并将图形中数据-墨水量除以总墨水量的值定义为数据-墨水比例(data-ink ratio)。通常，数据-墨水占比越多，冗余信息就越少，图形传递数据的效率就越高。因此，在创建可视化作品时，应该在合理范围内最大化数据-墨水比。

数据-墨水以外的冗余元素通常被用于呈现标度、标签和边缘。图表制作者应删去不必要的图表垃圾(chart junk)，如背景线、表格线等，将重点放在构建上下文和优化视觉效果上。如图4-2和图4-3所示，删除不必要的墨水后，数据的关键特征清晰可见。但也应注意，不能单纯地过度提升数据-墨水比，而忽略读者的体验和信息的完整性。

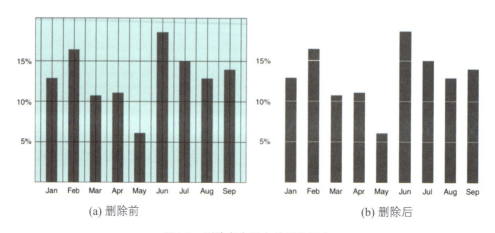

(a) 删除前　　　　　　　　　　　　(b) 删除后

图4-2　删除多余墨水前后的图表1

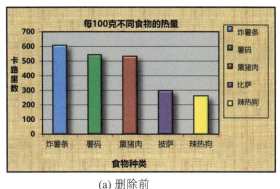
(a) 删除前

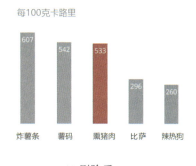
(b) 删除后

图4-3　删除多余墨水前后的图表2

3. 丰富：关注数据密度

数据密度(data density)用以描述一定大小的空间内表示了多少有效数据。提升数据密度能够使图表更丰富。当数据量增多时，用于呈现数据的图形元素将被压缩使用空间。因此，提升数据密度的常用方法是利用收缩原理，在不丢失可读性的前提下降低图形面积，如用多组图(small multiples)呈现数据。图4-4利用多组图同时展示了七国集团经济体在大衰退后的债务增幅情况，提升了可视化图表的数据密度与可读性。

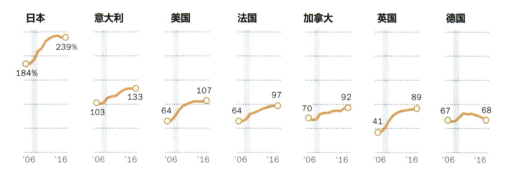

图4-4　大衰退后七国集团经济体的债务增幅情况

(图片来源：PewResearchCenter)

塔夫特认为，对于多组图来说，非数据-墨水，少即是多；数据-墨水，少则无趣。因此在控制数据密度的同时，要注意把握数据-墨水比例。

4.1.2　格式塔原则

20世纪初，心理学家马克斯·韦特海默(Max Wertheimer)、沃尔夫冈·苛勒(Wolfgang Kohler)和库尔特·考夫卡(Kurt Koffka)创立了格式塔(gestalt)理论[2]，也称"完形法则(law of organization)"。德语单词"gestalt"意为"统一的整体"，即整体大于部分之和。这一理论认为，人们在感知事物时，总会按照一定的完形法则，把经验材料组织成有意义的整体，而不是只看到互不相连的边、线和区域，因此结构比元素更重要。

在可视化图表设计中，格式塔理论引申出7个原则：简单、接近、相似、闭合、连续、连结、主体-背景。基于这些原则，设计者可以通过有序的表达、恰当的对比和合适的留白，为读者打造舒适的数据解读体验。

1. 简单原则(Simplicity)

简单原则的别名是"the law of prägnanz"，意为精辟、简洁而有意义。人们习惯在复杂形状中寻求简单性，用最少的认知努力感知视觉意义。视觉上过于复杂的设计容易给读者造成理解障碍或增加认知负担，简单的图表更容易让读者处理和记忆，因此简单原则也被称为优图原则(the law of good figure)。在可视化实践中，设计者应采用分类、排序、控制颜色种类、简化术语等方式，清晰呈现数据意义。如图4-5所示，左边的图显然不如经过排序的右边的图一目了然。

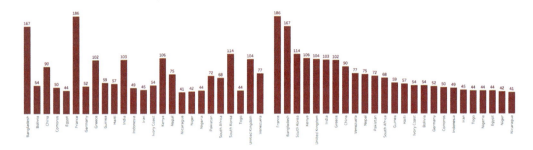

(a) 修改前的抗议者暴力计数(按国家统计)　　(b) 修改后的抗议者暴力计数(按国家统计)

图4-5　简单原则应用案例

(图片来源：Mala Deep)

2. 接近原则(Proximity)

接近原则是指人们习惯于将视觉上靠得近的物体归为一组或一类。如图4-6所示，左边16个圆更容易被看作一个整体，而右边的16个圆常被分为左右两组，这正是间距导致的视觉分组。

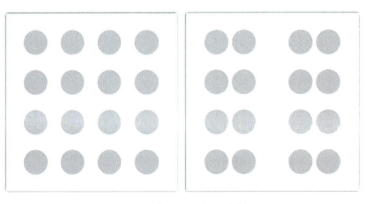

图4-6　接近原则解释案例

相较于间距较远的元素，位置彼此接近的元素会被归为整体的一部分，有利于观众准确理解信息。如图4-7所示，当数据标签"帽带(Chinstrap) 34g"靠近图形元素时，用户更容易将其与图表中的对应内容联系起来。

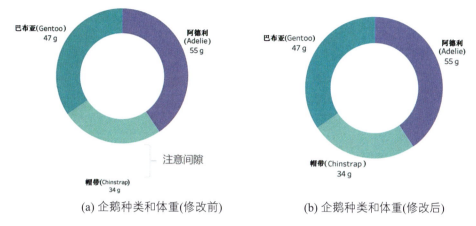

图4-7　接近原则应用案例

(图片来源：Mala Deep)

3. 相似原则(Similarity)

相似原则是指人们在视觉上会根据颜色、大小、形状和运动方向对事物进行分组。我们倾向于寻找视觉元素的相似之处和不同之处，并将相似的元素组合在一起。如图4-8所示，我们会不由自主地根据形状将左边的元素分为圆形和方形两组，根据颜色将右边的元素分为蓝色和灰色两组。

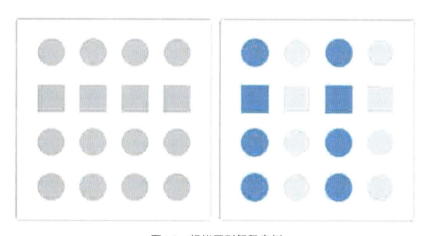

图4-8　相似原则解释案例

数据可视化的设计者可以使用相似的特征和属性(如颜色、大小、形状等)来区分不同数据。如图4-9所示，我们无法分辨左边的图有几组数据，但随着颜色这一属性的引入，我们可以轻易识别出数据分为三组。

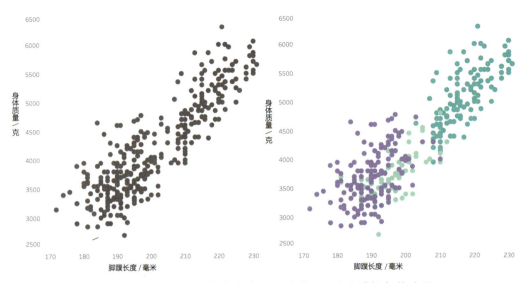

(a) 身体质量和脚蹼长度(修改前)　　(b) 身体质量和脚蹼长度(修改后)

图4-9　相似原则应用案例

(图片来源：Mala Deep)

4. 闭合原则(Closure)

闭合原则是指人们在视觉上会把不完全封闭的物体想象成一个整体。人类的知觉偏爱简单的结构，当遇到不连贯、有缺口的图形时，人脑会自动进行填充。例如，我们会不自觉地认为图4-10中的线条组成了一个三角形，但实际上这些线条并不相连。

图4-10　闭合原则解释案例

在可视化设计中，闭合原则能帮助设计者删繁就简，在保留数据可读性的前提下，让数据更加突出。例如，图4-11去掉了y坐标轴线，但呈现效果并未受到影响，正是闭合原则在当中发挥了部分作用。

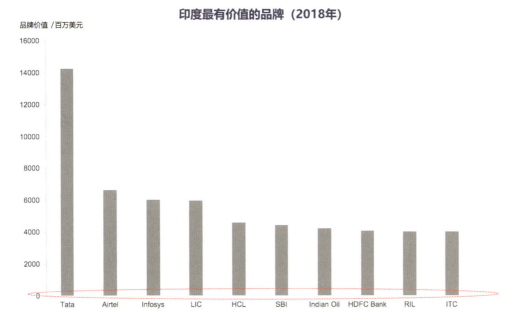

图4-11 闭合原则应用案例

(图片来源：Vidya)

5. 连续原则(Continuity)

连续原则是指在视觉上人们会自然而然地创造出连续性。连续性强调信息的方向性(图4-12)，而闭合性强调信息的完整性。

在数据可视化设计中，连续原则与闭合原则常被一同运用。例如，虽然图4-11中没有使用x坐标轴线，但由于连续原则与闭合原则的作用，读者依然认为这些条形图共享同一个基线。

6. 连结原则(Connection)

图4-12 连续原则解释案例

与连续原则不同，连结原则是指将被"物理"连接的视觉元素会被视作一个整体。这种联系强于颜色、大小、形状相似而产生的联系。折线图就是利用了连结原则。如图4-13所示，左边的图用线连接起来的点是相互关联的，余下的点则是散点，但当调换它们的形式时，两组点的处境也发生了变化。可见，相较于折线，散点呈现的数据效果大打折扣。

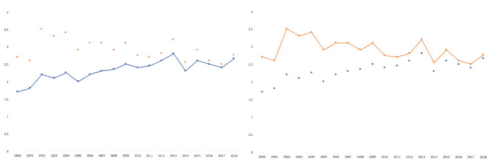

图4-13　连结原则的应用案例

(图片来源：Vidya)

7. 主体-背景原则(Figure-Ground)

人们倾向于将视觉世界分为主体和背景。主体是焦点元素，而背景构筑了主体所在的"环境"。主体-背景关系原则指出，利用感知形式和周围空间之间的关系，可以更好地构建图表意义，因此，可视化图表的整体感取决于如何看待一个物体与其所在区域之间的关系。

设计者可以通过增加主体和背景间的区分度来明确信息层次。图4-14(a)中的面积图与其背景颜色对比度较低，不利于信息识别，因此需要增加对比度图来提高可读性，如图4-14(b)所示。

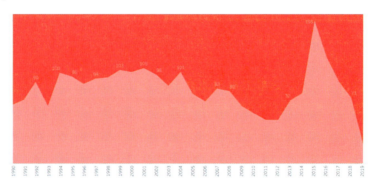

(a) 抗议次数(按年份显示)——修改前

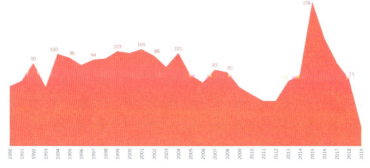

(b) 抗议次数(按年份显示)——修改后

图4-14　主体-背景原则应用案例

(图片来源：Mala Deep)

当然，随着观察的不断深入，视觉焦点会发生转移，此时，主体和背景可能会发生对调。图4-15是一个气泡图和循环网络图的组合，显示了R综合存档网络(CRAN)上的300个软件包中各种编程语言的使用情况。读者看到该可视化作品时，首先会被代表编程语言类别和使用频率的彩色气泡所吸引，随后作为背景的循环网格图中关联的软件包也会被关注。

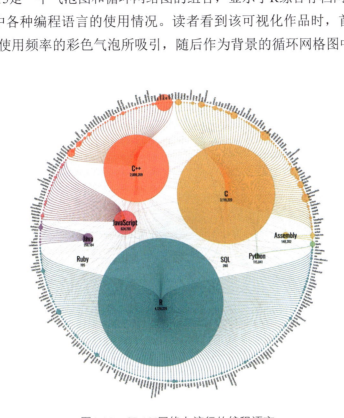

图4-15　CRAN网络上流行的编程语言

4.2　数据可视化设计的思路

数据可视化的首要任务是借助图形化手段，清晰、有效地传达数据包含的信息。在此前提下，设计者可以根据特定用户的预期和需求，提供辅助手段，让数据便于理解。具体的设计思路包括以下几个：利用美学设计吸引注意力；通过清晰度和可访问性增强理解；面向特定受众设计可视化语境；选择直观映射数据属性的可视化元素；使用自然通俗的可视化隐喻；适度采用视图交互促进探索；展示合适的信息密度等。

1. 利用美学设计吸引注意力

注重美学设计有助于吸引读者，精心选择的配色更是唤起情绪并突出重要的数据点。充满活力和对比的配色方案可以使特定信息脱颖而出，而单色调色板可以在严肃议题下，营造出优雅和统一的美学氛围。如图4-16所示，《纽约时报》的COVID-19病例追踪系统利用醒目的配色方案来传达疫情的严重性，有效地吸引了观众的注意力。此外，精心使用图标、插图和数据驱动图像等视觉元素可以增加视觉趣味并增强可视化的整体吸引力。引人入胜的动画或互动功能也可以用来创造动态和身临其境的体验，让读者全神贯注。

图4-16　重新设计病毒追踪系统重要性的可视化呈现

(图片来源：纽约时报)

2. 通过清晰度和可访问性增强理解

　　清晰易懂的设计能够促进用户对数据可视化的理解，恰当地使用版式可以引导观众的注意力并强调关键见解。如图4-17的可视化作品同时显示了多个美联储加息时期利率的增幅情况，通过标红和加粗字体的方式有效地突出了2022紧缩周期利率急剧上升的情况，使图表重点一目了然。

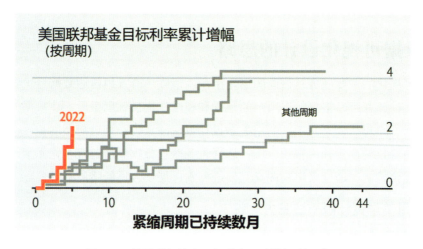

图4-17　美国联邦基金目标利率累计增幅(按周期)

　　此外，增强可访问性(accessibility)功能(如图像的替代文本)有助于提升可视化的包容性，减少用户在阅读过程中遇到的交流和交互障碍。无论用户的听力、移动能力、视力、认知能力如何，都应该可以无障碍地访问数据可视化作品。例如在保持易读性前提下的颜色分类，能够让色障用户也充分理解数据。

组织良好的布局、直观的导航和简洁的标签是额外的设计考虑因素,有助于提高可视化作品在大众面前的清晰度。提供工具提示或交互式图例等元素,可以让更多用户以更有意义的方式探索数据,增强其对数据的理解。此外,采用数据分组、聚合和汇总等数据可视化技术可以简化复杂的数据集,使其以易于理解的格式呈现信息。

2. 面向特定受众设计可视化语境

了解读者需求、明确图表用途,是数据可视化设计的第一步。如果用户无法理解信息图的内容并从中受益,那么数据可视化的意义将大打折扣。图4-18所示的迪士尼媒体商业版图就是一个鲜明的反面案例,它致力于展示产业的庞大和多元,却导致信息过量。对于商业伙伴来说,活泼俏丽的美观设计并不适于阅读;而对于普通用户来说,信息过载导致他们难以理解其表达的重点。这张商业版图既不适于商业宣传语境,也未能满足普通的信息需求。

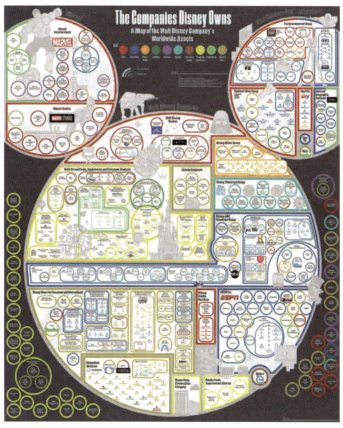

图4-18 迪士尼媒体商业版图

(图片来源:Talkdisney.com)

虽然设计者不能改动给定数据的集中模式和关系,但可以根据用户需求选择显示哪些数据,以及提供怎样的语境。例如面向大众的可视化应该是重点明确、贴近生活的,不宜太庞杂艰深和面面俱到,只需呈现与大众关心问题直接相关的数据,必要时可用文字直接说明用户应该从数据中得到什么。例如使用颜色的暖冷来表达气温的高低,就符合我们日常的感知和经验(见图4-19)。

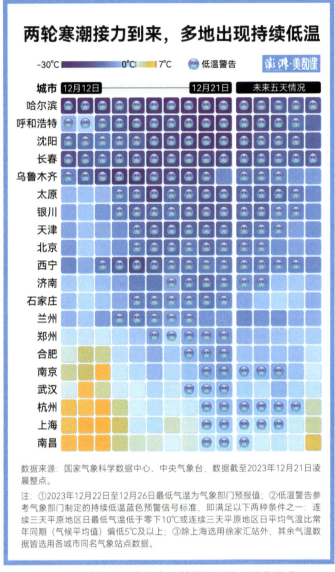

图4-19　寒潮导致多地出现持续低温的可视化呈现

(图片来源:澎湃新闻)

4. 选择直观映射数据属性的可视化元素

根据数据特点与表达目的,选取合适的图表元素进行可视化,是提高设计可用性和功能性的关键手段[3]。在此过程中,需要充分利用人们的固有认知,即数据维度与视觉属性的映射,从长度和空间来表达定量信息。

例如,将带有时间属性的数据直接嵌套进类似钟表盘的坐标中就是一种非常直观的数据映射方式。如图4-20所示,设计者利用极坐标系来表示一天中不同的时刻,对监测设备获取的睡眠数据进行了可视化呈现，紫色条显示入睡的次数和时长，绿色条显示醒来的次数和时间。

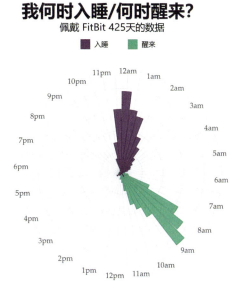

图4-20　睡眠可视化图表

5. 使用自然通俗的可视化隐喻

在数据可视化作品中，隐喻(metaphor)是指将需要介绍的事物和概念用人们所熟知的事物的视觉形态来呈现。其中，本体与喻体通常存在某种关联或相似性，而具象的模型降低了理解门槛，可以加深用户对信息内容的印象。如图4-21所示，咖啡杯表示柱形图，颜色表示成分，形象地展现了星巴克不同饮品中的成分及含量。

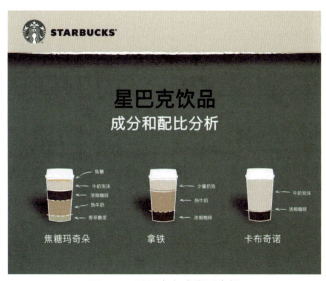

图4-21　星巴克咖啡类型介绍

(图片来源：Starbucks)

可视化隐喻能让用户在数据故事中找到共鸣，从而体现可视化设计的人本思想。图4-22通过一根抽过的烟来表达四分之一的高中生有吸烟习惯；用放满烟头的烟灰缸来表达80%的人进社会后继续抽烟；最后使用一半熄灭的火柴隐喻其中有一半人比同龄人寿命短13年以上，使读者清晰地感知到吸烟的危害。

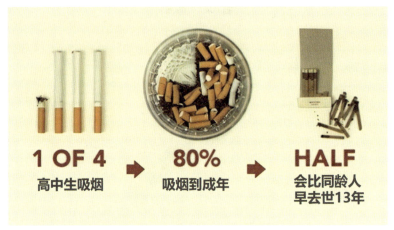

图4-22　高中生吸烟危害的可视化呈现

6. 适度采用视图交互促进探索

可视化中的交互是用户与数据之间的沟通方式。常见的可视化交互手段主要包括以下几个。

(1) 利用滚动与缩放。当数据无法在有限的分辨率下完整呈现时，可以利用滚动与缩放的方式进行交互，这种手段常用于地图可视化作品的导航功能组件。

(2) 控制数据映射方式。完善的可视化系统在提供默认的数据映射方式的前提下，仍然会保留用户选择数据映射方式的机会。例如柱形图就是将数据映射到长度，用户可以通过交互设置，选择将数据映射为填充面积的大小。

(3) 控制细节层次。细节层次控制有助于在不同的条件下，隐藏或者突出数据的细节部分。例如，按住并移动鼠标可以映射为一个平移操作，而滚轮可以映射为一个缩放。此外，可交互的旭日图和筛选器工具都是控制细节层次展现的常见手段。

在数据可视化的设计实践中，要保证操作的引导性与预见性，做到交互之前有引导，交互之后有反馈，使整个可视化故事自然、连贯地呈现。需要注意的是，可视化作品不能过于依赖交互来建立理解，至少关键数据不能隐藏在交互元素之后，而应该直接呈现给用户。也就是说，不宜为了交互而交互，一切应以展现数据为先。

7. 展示合适的信息密度

一个数据可视化作品中的信息量并非越多越好，设计者应合理把控信息密度，避免出现以下两种极端情况：一是设计者过度精简了信息，造成了读者的认知障碍，使读者无法衔接相关数据以形成连续的可视化故事；二是设计者想传递的信息量过多，使重要信息淹没在次要信息之中，读者无法快速把握重点。如图4-23所示，合理的信息展示应主次分明、井井有条。

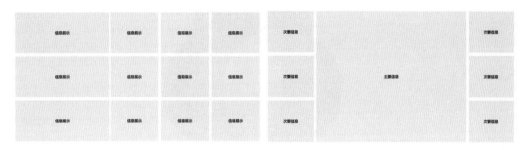

(a) 筛选前　　　　　　　　　　　　　(b) 筛选后

图4-23　信息密度筛选前后效果对比

(图片来源：人人都是产品经理)

4.3　数据可视化设计技巧

数据可视化是一项结合科学性与艺术性的综合性工作，一个好的可视化作品不仅要实现信息传达的功能，还应该在用色、构图等方面融入艺术创意，实现形式上的美感，让受众获得视觉享受，从而使受众在内容上停留更多时间，更好地理解和掌握信息。

4.3.1　色彩

在数据可视化设计中，色彩是最重要的元素之一。合理使用和搭配色彩，可以增强可视化设计的感知效果，调动受众的情绪并促进理解。

1. 色彩模式

1) RGB

RGB(red，green，blue)三原色起源于20世纪初托马斯·杨(Thomas Young)和赫尔曼·冯·赫尔姆霍茨 (Hermann von Helmholtz)提出视觉的三原色学说：视网膜存在三种视锥细胞，分别含有对红、绿、蓝三种光线敏感的视色素，当一定波长的光线作用于视网膜时，会以一定的比例使三种视锥细胞产生不同程度的兴奋，这样的信息传至大脑中枢，就产生某一种颜色的感觉。

RGB模式是一种显示屏模式，根据颜色发光原理设定，使用加法混色原则，通过红(red)、绿(green)、蓝(blue)三种颜色通道的叠加产生各种颜色(见图4-24)。

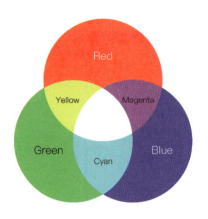

图4-24 RGB模式示意图

RGB色彩在软件中通常使用十六进制颜色码(HEX编码)来表示，以"#"开头，六位数字中前两位表示红色，中间两位表示绿色，最后两位表示蓝色，每种颜色值可以在00(即没有那种颜色)到FF(即完全是那种颜色，十六进制的"FF"就是十进制中的255)之间变化，如纯红的十六进制颜色码为#FF0000。RGB模式是手机、计算机、电视、投影仪等屏幕显示的最佳色彩模式。

2) CMYK

CMYK(cyan，magenta，yellow，black)模式是一种印刷模式，根据颜色反光原理设定，使用减法混色原则，当光源照射到有色物体上，部分颜色波长被吸收后，反射到人眼就产生了CMYK模式下的颜色。CMYK模式中由青色(cyan)、洋红色(magenta)、黄色(yellow)、黑色(black)4种标准颜色的油墨叠加产生各种颜色(见图4-25)。4种颜色以百分率计算，取值为0%～100%，理论上C=M=Y=0%时，即可获得黑色，但现实中单凭色彩叠加难以获得纯黑色，因此会使用特殊的油墨来印刷黑色，这样的颜色也被称为"专色"。CMYK模式是杂志、海报、包装等印刷品使用的最佳色彩模式。

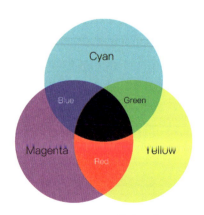

图4-25 CMYK模式示意图

3) HSV/HSB

HSV/HSB是根据颜色的直观特性创建的一种色彩模式,也称六角锥体模型(hexcone model),如图4-26所示。这个模型的颜色参数分别是色调(hue)、饱和度(saturation)、明度(value/brightness)。HSV/HSB在图像处理中使用较多,比RGB更接近人们对彩色的感知经验,HSV/HSB模式相较于RGB模式和CMYK模式,更直观地体现了人类对颜色的感知,被称为最接近人眼睛的色彩模式。

色调H用角度度量,取值范围为0°～360°;饱和度S取值范围为0.0～1.0;亮度V取值范围为0.0(黑色)～1.0(白色)。用户可以通过指定色调角H,并让$V=S=1$,轻松地得到单一颜色,通过向其中加入黑色和白色来得到其他所需颜色。在色调一定的情况下,饱和度减小,就是往光谱色中添加白色;明度减小,就是往光谱色中添加黑色。

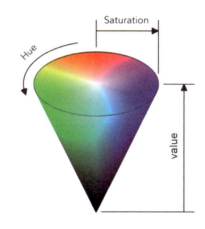

图4-26　HSV/HSB色彩模式六角锥体模型

2. 配色原理

色彩构成(interaction of color),即色彩的相互作用,是从人对色彩的知觉出发,按照一定的规律对色彩进行组合构成色彩效果的过程。色彩在可视化作品中不是独立出现的,而是处于某种色彩环境中,形成色彩对比。色彩之间的差异越大,对比效果就越明显,颜色对比的最终目的是追求画面的和谐。如何搭配才能有良好的视觉效果呢?首先我们需要了解色相环上各种颜色之间的关系。

色相环(color circle)是基本色相按照光谱色序排列而成的圆形色彩序列。按照颜色数量,可分为12色相环、24色相环等;根据颜色模式,可分为美术中的红黄蓝(RYB)色相环、光学中的红绿蓝(RGB)色相环等。以RYB12色相环(见图4-27)为例,红色、黄色、蓝色构成了原色(primary hues),原色两两混合获得了3种间色(secondary hues),原色与二次色混合就获得了6种再间色(tertiary hues),这12种颜色按序排列就组合成了色环。

图4-27 RYB12色相环

色环上的颜色可分为暖色与冷色。暖色由红色、橙色和黄色等红色调颜色组成，给人以温暖、活泼的感觉，能够产生贴近观众的视觉效果；冷色由绿色、蓝色、紫色等蓝色调颜色组成，给人以沉静、优雅的感觉。

1) 单色配色

单色配色并不是指只用一种颜色，而是使用一种色相，确定一种色相后，通过调整明度和饱和度来获得有层次感的配色方案。这类颜色组合的视觉效果非常和谐，但是需要注意颜色之间的纯度和明度跨度不能过小，要创建充分的对比，否则文字等信息的识别度就会降低。

单色配色还有一种方式是有彩色与无彩色(黑白灰)的组合，例如经典的黑红配、蓝白配等。这种配色方案既能避免无彩色的过分沉寂，又能避免有彩色的过分喧闹，具有较高的灵活性与适应性。

2) 双色配色

色环上双色色彩对比如图4-28所示。

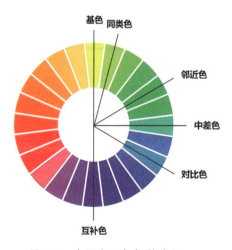

图4-28 色环上双色色彩对比

(1) 同类色配色。同类色是在色环上相距15°左右的颜色。同类色的色差较小，是一种弱对比类型，给人以单纯、平稳的视觉感受，但有时也会显得沉闷、单调，需要利用明度、纯度、面积等变化来获得良好的配色效果。

(2) 邻近色配色。邻近色是在色环上相距60°左右或相隔三个位置以内的颜色，在色相上有所区别，但是又含有共同成分。邻近色的对比效果比同类色更活泼，在保持画面整体协调的基础上，具有适度的动感。

(3) 中差色配色。中差色是在色环上相距90°左右的颜色，是一种中对比类型，具有视觉张力，是一种个性化的配色方案。

(4) 对比色配色。对比色是在色环上相距90°～120°的颜色，是一种强对比类型，具有鲜明、丰富、华丽的视觉效果，容易引起人的兴奋感，但是在具体运用中需要保持颜色间的和谐与统一，避免产生杂乱感。

(5) 互补色配色。互补色是在色环上相距180°左右的颜色，互补色对比是最强烈的色相对比，常用以呈现反差极大的信息，具有热情、有力的视觉效果，但使用不当容易产生不协调、不平衡的感觉，因此需要调整颜色的纯度与明度，使颜色对比柔和化。

3) 三色配色

(1) 三等分配色。采用色环上等边三角形对应的三种颜色进行搭配，如图4-29(a)所示。这种配色可以在维持色彩协调的同时，制造强烈的对比效果。一般选取其中一种作为主色，另外两种颜色进行衬托或点缀。

(2) 分割互补配色。首先选定某一主色，然后选择其互补色相邻位置上的两种颜色与之搭配，如图4-29(b)所示。这种配色分裂出的补色缓和了强烈的对比效果，起到了中和作用。

(a) 三等分配色

(b) 分裂补色搭配

图4-29 三色配色

4) 四色配色

(1) 矩形配色。首先选定某一主色及其补色，然后选择色环上与主色相隔一个位置的颜色及其互补色，这4种颜色在色环上正好形成一个矩形，如图4-30(a)所示。

(2) 方形配色。利用色环上四等分位置的颜色进行搭配，如图4-30(b)所示。这种配色方案既对立又互补，可以创造出生动活泼的视觉效果。

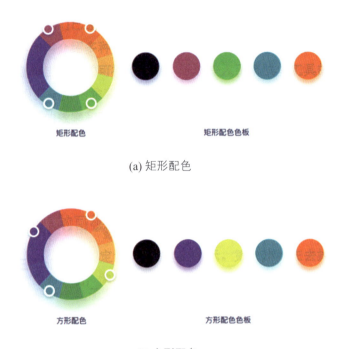

(a) 矩形配色

(b) 方形配色

图4-30 四色配色

3. 不同功能的色彩

除了色相的组合，色彩搭配还需要遵循颜色的功能性规律。根据其功能分类，颜色可分为主色、辅色和点缀色。

(1) 主色是决定整个画面基调的颜色，一般是指占据画面最多的颜色。主色并不是只能有一种颜色，它也可以是同类色组成的一种色调。

(2) 辅助色是指烘托或者补充主色的颜色。当辅助色与主色为相似色时，视觉效果平衡、和谐；当辅助色与主色为对比色或互补色时，视觉效果丰富、活泼。

(3) 点缀色是占据画面最少的颜色，属于点睛之笔，能够创造出独特的视觉效果。在配色的占比方面，通常使用"631黄金法则"，即60%的主色、30%的辅助色、10%的点缀色。

4. 辅助配色网站

辅助配色网站能够为可视化设计者提供灵感，帮助他们建立和谐的色彩设计方案，辅助配色网站主要有以下几类。

(1) 调色盘类(palette)。例如Adobe Color(https://color.adobe.com/zh/create/color-wheel)，这个免费的在线工具允许用户根据前文所述的配色原理，快速构建配色方案。网站中的每种颜色方案由5种颜色组成，可以按需生成，也可以选用流行的搭配方案。通过将HEX 或 RGB 编码复制并粘贴到正在使用的程序中，用户就可以运用已经生成的配色方案。

(2) 渐变类(gradient)。例如Design.ai(https://designs.ai/colors/gradient)，这个网站提供简单的线性渐变，通过右侧随机按钮可以生成更多的渐变方案，左侧功能栏还包括调色板、色轮、文字、叠加、渐变、对比、颜色提取器等。

(3) 字体-背景颜色类。例如Colorable(https://colorable.jxnblk.com/)，这个工具主要用以查看字体颜色和背景颜色的对比效果。用户可以分别调节"Text"和"Background"的色调、饱和度和明度，来评估字体颜色和背景颜色的搭配效果。

4.3.2 字体

字体也是视觉传达的重要组成部分，每种字体都有自己的个性，因此字体在一定程度上决定了画面的视觉风格，对内容的可识别性、用户的阅读体验等有着显著影响。字体的选择要与作品的整体风格相适应。此外，随着移动互联网的发展，电子阅读已经逐渐取代纸质阅读，如果想要达到与纸质阅读一样的舒适性，就必须重视字体的应用。

1.字体的类型

(1) 衬线体与无衬线体。衬线又被称为"字脚"，衬线体就是有边角装饰的字体，如常用的西文字体Times New Roman，中文字体宋体、明体等。无衬线体由统一粗细的线条构成，没有边角的装饰，如常见的黑体、微软雅黑等。无衬线字体具备技术感和理性气质，更受科技领域欢迎；衬线字体具有优雅和复古的气质，常用于艺术和时尚领域。衬线体与无衬线体对比如图4-31所示。

(a) 衬线体示例　　　(b) 无衬线体示例

图4-31　衬线体与无衬线体对比

(2) 中文字体。在数字屏幕上显示时，无衬线体在视觉上偏厚重，衬线体偏单薄，因此更推荐使用无衬线体。此外，字体笔画的粗细也可以带来不同的效果。越粗的字体，字重(weight)越大。根据字重，字体又细分为细体(light)、标准(regular)和粗体(bold)。

在设置标题时，粗体(bold)字重可以让内容更加突出醒目，推荐使用优设标题黑、站酷高端黑体等字体；而正文由于需要长时间观看，采用标准字重(regular)更加合适，可以获得清爽简洁的观感，推荐使用苹方简体、思源黑体等。

(3) 英文字体。在选择英文字体风格和字重时，需要根据设计的需求和目标受众来决定，这一点与中文字体相同。如果设计需要强调传统和正式感，可以选择有衬线体的；如果需要现代感和简洁感，可以选择无衬线体的。同时，根据内容的重要性和信息的层次，选择合适的字重，以提高信息的传达效果。值得注意的是，英文字体分为大小写，其中纯大写模式能够保证字体宽高一致，方便文字在排版中整齐排列，一般推荐使用DIN和DIN-Pro两种字体。设计者可根据具体的文字内容和设计需求来选择大小写模式。

(4) 数字字体。一般数字字体比同字号下中文略小，因此，如果想要保持文字在视觉上大小统一，数字需要稍大一些的字号。此外，数字字体尽量选用等距字体，如Inziu Iosevka和Exo，这样在对齐列表数据时，数据呈现更加协调。

2. 字体使用原则

(1) 字体使用不可侵权。现行著作权法并未明确提及字体，但字库作为"为了得到可在计算机及相关电子设备的输出装置中显示相关字体字型而制作的由计算机执行的代码化指令序列"，以计算机软件的立场受著作权法保护已是共识[4]。设计者应采用明确标明商用免费的字体，避免使用一些独创性较高的字体，如要使用，一定要获得授权。

(2) 规范使用字号。在数据可视化实践中，不存在绝对的字体规范。可视化作品的字号规范随展示屏幕大小而变化。设计者需要结合影响字号的五大因素(屏幕大小、界面内容、观测距离、设备性能、主观人为)去制定字体规范。画面内容较少时，可以适当提高字号，反之亦然，比例合适即可。此外，需要实现字号对比时，可以尝试跳跃地选择字体大小，令字阶之间产生一种韵律感。

(3) 字体风格统一。为了实现字体设计的统一性，需要对主、次、辅助、展示等类别的字体做整体规划，再根据具体的场景和环境进行微调，将有助于强化横向字体落地的一致性，令文字排布更加和谐美观。字体的选择应以清晰展示数据为前提，不宜采用造型过于夸张、不易辨认的字体。同时为了避免视图杂乱，应该用尽可能少的样式去实现设计目的。同一画面中的字体种类不宜超过三种，建议数字字体与英文字体保持统一，以保持视图整洁。

4.3.3 版式设计

排版是数据可视化的难点之一。排版设计的目的是让文字、图形、色彩等视觉元素有机地整合起来，形成和谐的、主次分明的视觉效果。设计师罗宾·威廉姆斯(Robin Williams)曾在《写给大家看的设计书》中提出过排版设计的4个原则：重复(repetition)、对比(contrast)、对齐(alignment)、亲密性(proximity)[5]，结合数据可视化的特征，可凝练为以下几点。

1. 重复原则：统一风格，增强条理性

视觉要素在整个作品中重复出现，可以增加条理性。字体、线、项目符号、颜色、设计要素、空间关系等，读者能看到的任何内容都可以作为重复元素。例如在《数说年夜饭》这个可视化作品(见图4-32)中，不同的图表使用了同样的字体和配色，整体上呈现传统的中国文化风格，年味十足。

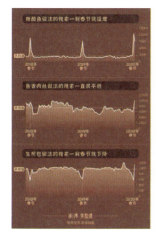

扫码查看

图4-32　数说年夜饭
(图片来源：澎湃新闻)

2. 对比原则：突出重点，增强层次性

人们不可能同时接受可视范围内的所有信息，而是按照一定的浏览顺序获取信息，这一有序的运动轨迹就是视觉流向。现代版面的基本编排逻辑为横向从左到右排列，纵向从上到下排列，但是如果想要实现更好的视觉效果，就需要对视觉流向进行干预和引导。视觉流向具有先强后弱的特征，即人们会先注意到视觉范围内刺激强度最大的区域，因此当设计者希望读者注意到某些内容，可以通过调整图像或文字的大小、颜色等，使其与其他元素形成对比，从而引人注目，增强版面的变动性和层次感。在折线图中，如果我们想要突出某个类别的数据，就可以加粗该折线并加深颜色，使其与灰色细线形成对比，如图4-33所示。

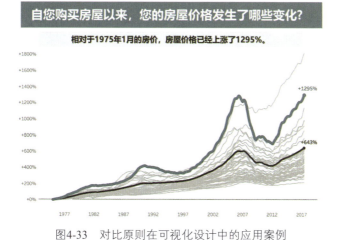

图4-33　对比原则在可视化设计中的应用案例

3. 对齐原则：排列元素，增强统一性

数据可视化中视觉元素的位置都应该是有意为之的，每个元素应与画面中的另一个元素存在着某种视觉联系，即使这些元素在物理位置上可能并不靠近，但是通过某种对齐方式可以将其视为一个整体。明确的对齐可以使画面统一而有条理，但要避免在一个画面中混合使用多种对齐方式。图4-34是一个分析网站流量数据的可视化仪表板，内容丰富，但阅读起来并不困难，因为通过对齐和间距设计，画面被合理划分为不同的板块，读者可以井然有序地进行分析。

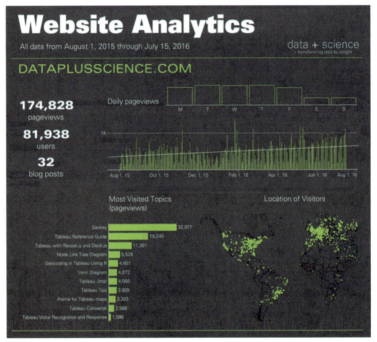

图4-34　对齐原则在可视化设计中的应用案例

4. 亲密性原则：分割内容，增强易读性

亲密性原则就是指画面中彼此相关的元素应该归为一组，成为一个视觉单元。按照亲密性分割内容有助于提高信息的条理性和组织性，为读者提供清晰的结构。人的视线习惯向相邻物体、相同颜色移动，因此同组元素物理位置应该相近，并且可以用同一颜色进行标识。此外，从版式布局来看，利用亲密性原则还可以实现留白，给读者以视觉缓冲。利用间距区分信息关系是较常用的分割方法。以UI 设计语言 Ant Design 为例，它把间距分为 8px(小号间距，small)、16px(中号间距，medium)、24px(大号间距，large)，如图4-35所示。

在可视化实践中，综合使用4个设计原则能够让信息的呈现与传达更清晰。我们可以有意识地观察优秀的数据可视化作品是如何运用这些原则的，并通过模仿和实践掌握这些原则。虽然原则是可以打破的，但前提是设计者要足够地了解这些原则。

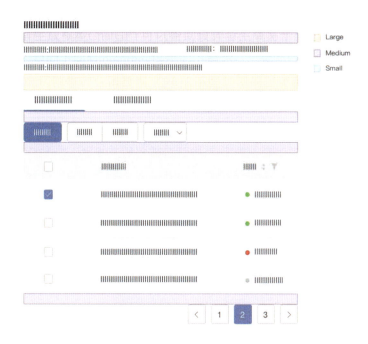

图4-35　亲密性原则在可视化设计中的应用案例

4.3.4　交互设计

交互，是指用户通过与系统的互动来操纵数据的过程，能够拓展信息表达的空间，缓解有限的表达空间和过载的数据量之间的矛盾。尤其在智能传播的背景下，交互式新媒体(interactive multimedia)正融合人工智能快速发展，越来越多的媒介产品被赋予了互动性，用户正逐渐适应在交互中获取想要的信息。这为数据可视化的交互设计带来了广阔的天地。

交互设计要从任务和目标出发，综合考虑交互延时、交互成本以及场景变化这些影响交互效果的因素，才能给用户带来良好的交互体验。本节将重点介绍设计交互需遵循的准则与常见的交互技术。

1. 交互准则

1) 交互延时方面

交互延时，是指从用户实施操作到系统返回结果所经过的时间，可以细分为操作延时、反馈延时和系统更新延时。

(1) 操作延迟，是指用户执行某个操作(例如单击、拖拽、缩放等)后，操作被系统响应所需的时间。

(2) 反馈延迟，是指用户执行操作后，系统提供反馈或结果所需的时间。例如当用户单击某个数据点时，系统可能会显示相关的信息或弹出工具提示。较低的操作延迟和反馈延迟可以使用户感觉到系统响应快速、流畅。

(3) 系统更新延迟，是指在数据可视化中进行数据更新、计算或其他操作时，所需的时间。当数据集较大或计算复杂时，系统可能需要一些时间来完成更新操作。较高的系统更新延迟可能导致数据可视化的滞后性，影响用户对数据的实时性和准确性的感知。

当延时超过某一个阈值，用户的忍耐度会突然降低，用户体验也随之变差。不同交互操作的阈值不同，延时期望也就不同。交互操作的种类分为三类[6]。

一是感知处理(perceptual processing)，指用户感知交互效果的过程。例如，当用户旋转三维可视化中的物体时，所看到的信息需要随之更新。如果更新延时超过了0.1秒，用户会感觉到明显的滞后。

二是立即反应(immediate response)，指用户和可视化系统之间类似对话的交互。例如，通过鼠标点击切换视图，此时用户的延时忍耐度只有1秒。

三是基本任务(unit task)，指用户操作系统完成一个相对复杂的交互任务。例如在数据中搜索相关的信息，此时用户对延时的忍耐度一般是10秒。

2) 交互成本方面

交互可以帮助用户处理更多的数据，完成更复杂的任务，但代价是用户要花费更多时间、精力去浏览和探索数据。这个问题可以通过数据挖掘或机器学习算法来解决。但是，如果一个任务可以通过算法自动得出用户需要的结论，那交互就失去了意义。因此，设计者需要权衡自动分析和用户交互分析的作用与成本，以达到一个合理的平衡。7种主要的交互成本如下所述[7]。

(1) 决策成本，指用户在选择数据子集和交互选项时花费的精力。

(2) 系统资源成本，指用户从系统提供的大量可视化表达方案中选取恰当对象所花费的时间。

(3) 交互流程阻滞成本，指多重输入方式或过量增加控制操作方式引发的交互障碍。

(4) 人为操作成本，指用户在系统中做出例如鼠标拖拽等动作花费的时间。

(5) 感知阻碍成本，指视觉混叠(如鼠标悬停弹出提示框)造成用户认知困难、精力分散等交互障碍。

(6) 重新解读成本，指用户在交互后出现了预期之外的结果、视图变化不连贯、多视图对象关联复杂等情况导致的用户解读障碍。

(7) 评估解释中的状态转换成本，指用户从不同的可视化表达中评估其意义并继续挖掘的过程中需要花费的精力，尤其当交互无法回退到某一次的结果时，用户会在重构状态中浪费时间。

3) 交互场景变化方面

交互操作通常引发可视化场景的变化，需要用户记住所进行的操作或者比对大脑中形成的前一瞬间的图像记忆，以避免交互出错，这无疑增加了用户的认知负担。可视化系统可以通过一些辅助手段，将这些需要用户记忆的信息保存并显示。例如，在线地图会在屏幕一角显示当前视图的位置，为用户提供导航。

由于感知系统和大脑容量的局限,人眼只能够关注有限的焦点区域内的变化,无法注意到焦点之外的变化。这种现象被学者定义为变化盲视(change blindness)[8]。如图4-36所示,当雕塑图片(A、A')动态循环放映时,观察者通常难以察觉到背景中墙体的变化。为了克服这样的问题,设计者首先需要辨别哪些变化需要得到读者的关注,然后通过各种手段,让用户的注意力集中到重点区域。

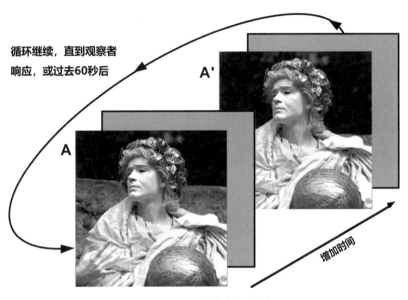

图4-36　变化盲视案例

2. 交互技术

1) 选择:标记目标对象

通过鼠标单击或屏幕触摸选择目标对象是较常见的交互方法,即标记感兴趣的部分并追踪其变化情况。人们在初步观察数据的特性之后,会发现感兴趣的数据维度,为了进一步探索这一维度,就会使用到选择的交互方式。常用的选择交互有悬停、点选和框选等。

(1) 悬停(pop-up tooltips),是指当鼠标经过某一对象时,系统会显示该对象的细节说明。如图4-37所示,当鼠标悬浮于牛身上的某一部位时,弹出的标签会显示该部位的肉做成法式牛排的价格。悬停操作非常简便,但触发起来非常敏感,如果交互响应中引入了复杂的计算,容易引起系统卡顿。

(2) 点选(picking),是指通过单击某一目标物体查看更详细的信息,往往针对需要重新渲染、查询或计算数据等交互延迟相对较长的情况。图4-38是数据可视化网站"The Ventusky"中的一个即时显示世界各地天气趋势及风向流动的数据交互作品,用户只需单击地图上的某一城市,即可弹出对应地区的天气信息。

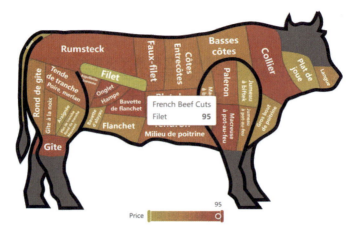

扫码查看

图4-37 可视化交互中的"弹出标签"

(图片来源：Apache Echarts)

扫码查看

图4-38 The Ventusky数据可视化网站作品

(3) 框选(lasso)，是指当选择目标有多个时，设计者通过框选来包含所有的目标物体，往往伴随着对元素的过滤和数据的计算。

在实际应用中，选择交互容易遭遇信息叠加导致的视觉混乱(visual clutter)问题，比如提示性信息相互遮挡。对于这类问题，一般可以通过放大堆叠区域(zoom-in)、增加重叠元素之间的距离来消除遮挡。因此，理想的信息标签应该具有指引明确、易于解读以及互相不遮挡的特性。例如偏心标签(excentric labeling)，它只在鼠标接触数据点时显现，并通过连接线将标签与对应的数据点连接起来[9]。

2) 导航：展现不同数据

导航(navigation)是可视化系统中最常见的交互手段之一。由于屏幕空间有限，当数据空间较大时，只能显示从选定视点出发可见的局部视图。用户可以通过调整视点的位置来控制视图呈现的范围。导航方式主要有三种。

(1) 缩放(zooming)，即使视点靠近或远离某个平面。

(2) 平移(panning)，即使视点沿着与某个平面平行的方向移动。

(3) 旋转(rotating)，即使视点方向的虚拟相机绕自身轴线旋转。

导航交互的最大挑战在于，当视点移动和场景变换时，用户能否时刻掌握自己在整个数据空间中所处的位置，在大脑中形成对整体数据的感知。通常的做法是在场景转换中使用渐变动画，帮助用户对场景中发生变化的部分进行跟踪，加强用户的记忆。

链接滑动(link sliding)是一种利用节点链接图中的拓扑结构和动画技术来观察网络数据的导航技术[10]，让用户可以沿着网络中的路径来滑动视角，转移到相邻节点。图4-39是纽约现代艺术馆根据巴勃罗·毕加索、保罗·克利和瓦西里·康定斯基等抽象派艺术家之间的社交关系制作的网络节点图，每个节点代表一个艺术家，连线表示两个艺术家之间存在交往，从这个网络关系网中可以发现比较有影响力的艺术家，也就是连线较多的红色节点。用户通过滚动和拖拽鼠标，可以实现缩放图表和移动视图，从而调整视点的位置，控制可视化呈现的范围。

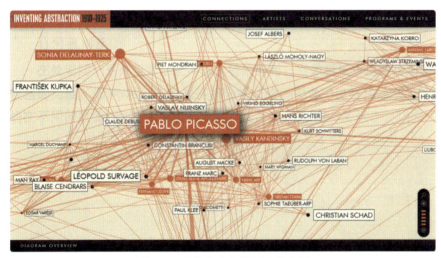

扫码查看

图4-39　多位艺术家的网络节点图

3) 重配：提供观察数据的不同视角

重配(reconfigure)旨在通过改变数据的布局，呈现不同的数据特征，满足读者的不同需求。重配可以避免绘制元素的过度重叠，并且揭露一些隐藏的信息。

(1) 重排列。重排列常见于在图表型的可视化应用中。一种是通过图表的透视技术实现电子表格的两列互换，克服由于空间位置距离过大导致的两个对象在视觉上关联性被降低的问题。例如，SmartAdp系统[11]允许用户选择并定义列的权重，通过数据的加权，最终对图表元素进行重排列。

另一种重排列通过铁屑与磁铁(Dust & Magnet)[12]技术来实现。这种方法将每个数据点视作一枚铁屑，将数据的一个属性视为一块磁铁。当拖动某一个属性磁铁时，在当前磁铁代表的属性上数值较大的数据点会向磁铁的方向趋近,用户可以从分布中看出各个数据点的属性分布情况。

随着可视化设计需求和技术的发展,用于大型多元数据的2.5D铁屑和磁铁可视化技术[13]也应运而生。除了位置和颜色之外,这项新技术还引入了"高度"作为灰尘的附加视觉变量,以在2.5D可视化中编码额外的数据属性,增强了识别属性之间的相关性。

(2) 调整基线。调整基线是指通过改变参考线或基准线的位置或方式,强调数据的相对差异或趋势,有助于用户更好地解读数据并支持数据驱动的决策过程。通过调整折线图中基线的位置,可以得到直观显示整体变化趋势的堆叠面积图或主题河流图(见图4-40);通过调整基线的排列方式,可以得到数据布局更加紧凑的旭日图、雷达图等(见图4-41)。

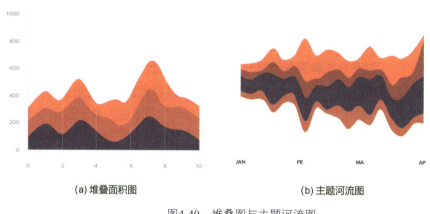

图4-40　堆叠图与主题河流图

(图片来源：Data Viz Project)

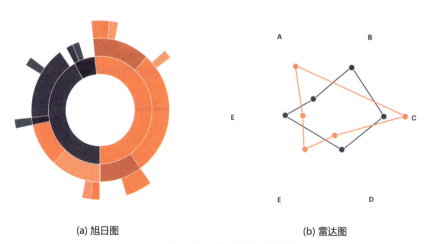

图4-41　旭日图与雷达图

(图片来源：Data Viz Project)

4) 抽象/具象：展现不同层次的数据

抽象/具象(abstraction/elaboration)交互技术可以让用户自主控制显示多少数据细节，获得不同层次的信息。抽象能展示更多的数据对象，帮助用户从整体上把握数据；具象则展示更多的属性和细节，帮助用户更深入地理解数据。如图4-42是一个互动咖啡风味轮(The Coffee Taster's Flavor Wheel)的旭日图，用户通过单击扇形位置，可以灵活控制数据的精细度，按照需求显示细节，解决了分类过多导致图表易读性下降的问题。

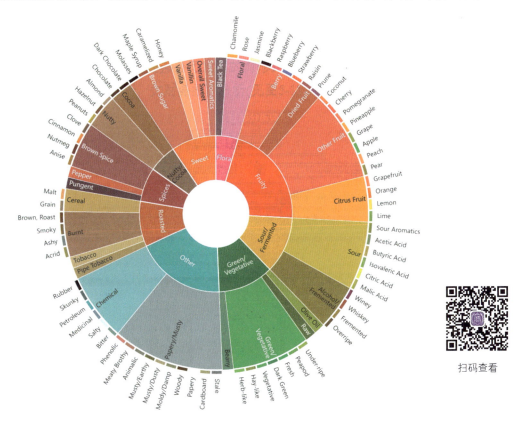

扫码查看

图4-42 咖啡风味分类旭日图

(图片来源：Notbadcoffee.com)

5) 过滤：根据条件查询信息

过滤(filtering)是指对显示的数据集按照特定条件进行筛选，缩小数据显示范围，以帮助用户聚焦特定区域，提高用户获取信息的效率。一种典型的可视化过滤交互技术是动态查询(dynamic queries)。传统的过滤功能通常需要用户预先定义静态的查询条件，然而，当数据量庞大或者查询需求多样时，就需要动态查询帮助用户随时修改查询条件，实时地观察查询结果的变化。例如作品《2016年柏林马拉松——你的城市跑得有多快》展示了来自不同地区的选手的参赛情况，输入"China"后(见图4-43)，地图显示共有861名中国人参加了此次马拉松比赛，平均用时为4时43分37秒，地图上的红点精确地反映了他们在比赛中的位置。

扫码查看

图4-43　2016年柏林马拉松——你的城市跑得有多快

(图片来源：Morgenpost)

6) 关联：展示数据关系

关联(connection)技术旨在显示与目标对象关联程度较大的对象的信息。这有利于用户以不同的角度和不同的显示方式观察数据。链接-刷动是一种典型的关联交互技术，链接视图(linked view)是指用户可以在不同的窗口中观测到数据的不同属性；刷动是指用户在某一个视图中选择某个对象后，即可在另一个视图中获得被选择数据的其他多种属性。两种功能相结合就将不同视图中的数据联系到一起。

3. 交互模型

在数据可视化设计中，除了基本的交互技术，还有两种重要的交互模型。一是"概览+细节"交互模型(overview + details)，即在不同的窗口显示全局数据和细节数据；二是"聚焦+上下文"交互模型(focus + context)，即在同一窗口显示聚焦区域和整体，更直观地展现两个部分的联系。该模型通常利用加层和变形技术，为用户提供一种随交互而动态变化的视觉表达方式。例如，魔术透镜(magic lens)[15]通过在概览视图上面设置一个移动的"放大镜"，呈现细节信息、"放大镜"窗口和周边的关系，同时屏蔽"放大镜"之下的概览信息。如图4-44所示，随着上下文区域被压缩，关注区域相对被突出，节省屏幕空间的同时，视图也会随用户关注区域改变而变化。

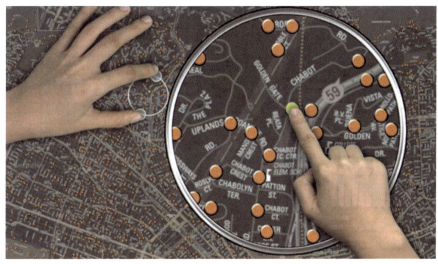

图4-44　魔术透镜案例

随着技术的发展，使用游戏开发或虚拟现实等技术的数据新闻互动方式正逐渐成为数字新闻领域的重要趋势。从互动和参与的视角来看，游戏中包含的问题意识以及围绕问题而产生的竞争和奖惩机制能够充分调动读者的兴趣，游戏带来的体验感也促使读者进入情境，主动思考新闻报道中涉及的社会问题。

图4-45是一个活化非遗的交互式数据可视化作品。设计者以日喀则扎什伦布寺羌姆舞为主题，系统地对羌姆舞进行多源数据的挖掘，让读者在可视化互动中了解其历史起源、舞蹈手势特点、演奏乐器、面具等信息。

扫码查看

图4-45　《羌姆》——日喀则扎什伦布寺羌姆交互式数据可视化

《金融时报》推出了一款互动在线游戏"The Uber Game"(扫描图4-46中二维码即可查看)，探讨Uber司机如何实现日常的收支平衡。游戏以"根据问题选择答案，然后得到反馈"的模式推进，让读者在一问一答中，逐渐获得一种"沉浸感"与"认同感"，从而更深层地理解Uber司机是一份怎样的工作，以及它所代表的零工经济意味着什么。

扫码查看

图4-46 The Uber Game游戏开始界面

📖 课后习题

1. 请任选一个可视化数据新闻的优秀案例，结合塔夫特原则和格式塔原则，评价其设计。
2. 请参照本章介绍的可视化设计思路，收集对应的优秀可视化数据作品。
3. 任选一个主题，根据配色网站，搭配一套适宜的颜色和字体。
4. 请尝试体验一种交互技术，如开源系统AggreSet。
5. 请尝试了解和探索更多的交互技术及其可视化案例。

📖 参考文献

[1] TUFTE E R. The visual display of quantitative information[J]. The Journal for Healthcare Quality (JHQ), 1985, 7(3): 15.

[2] KOFFKA K. Principles of Gestalt psychology[M]. routledge，2013.

[3] 陈为，沈则潜，陶煜波. 数据可视化[M] 北京：电子工业出版社，2013.

[4] 林军明. 新闻可视化设计中如何防止"埋雷"[J].南方传媒研究，2020，No.8403）：160-164.

[5] 罗宾•威廉姆斯. 写给大家看的设计书[M].4版.苏金国，刘亮，译.人民邮电出版社.2018.

[6] CARD S K, ROBERTSON G G, Mackinlay J D. The information visualizer, an information workspace[C]//Proceedings of the SIGCHI Conference on Human factors in computing systems. 1991: 181-186.

[7] LAM H. A framework of interaction costs in information visualization[J]. IEEE transactions on visualization and computer graphics, 2008, 14(6): 1149-1156.

[8] R A. Internal vs. external information in visual perception[C]//Proceedings of the 2nd international symposium on Smart graphics. 2002: 63-70.

[9] BERTINI E, RIGAMONTI M, LALANNE D. Extended excentric labeling[C] Computer Graphics Forum. Oxford, UK: Blackwell Publishing Ltd, 2009, 28(3): 927-934.

[10] MOSCOVICH T, CHEVALIER F, HENRY N, et al. Topology-aware navigation in large networks[C]//Proceedings of the SIGCHI Conference on Human Factors in Computing Systems. 2009: 2319-2328.

[11] LIU D, WENG D, LI Y, et al. SmartAdp: Visual analytics of large-scale taxi trajectories for selecting billboard locations[J]. IEEE transactions on visualization and computer graphics, 2016, 23(1): 1-10.

[12] KLOUCHE K, RUOTSALO T, MICALLEF L, et al. Visual re-ranking for multi-aspect information retrieval[C]//Proceedings of the 2017 conference on conference human information interaction and retrieval. 2017: 57-66.

[13] VOLLMER J O, DÖLLNER J. 2.5 D dust & magnet visualization for large multivariate data[C]//VINCI. 2020: 21:1-21:8.

[14] TOMINSKI C, GLADISCH S, KISTER U, et al. Interactive lenses for visualization: An extended survey[C]//Computer Graphics Forum. 2017, 36(6): 173-200.

第5章 数据可视化工具

基于前面的学习,我们已经知道了如何获取数据,如何呈现数据。那么,要如何实现数据可视化呢?本章将介绍多种实用工具,从基本的图表软件到高级的可编程工具,帮助读者利用数据创作出理想的可视化作品。通过深入了解这些工具的特点、优势和局限性,读者将能够根据自身需求和实际应用场景,精准地选择最合适的工具来呈现数据,从而提高数据分析的效率和可视化的效果。

5.1 常用工具简介

5.1.1 开箱即用的可视化软件

1. Microsoft Excel

Microsoft Excel是一个电子表格程序,用于记录和分析数据,具有计算、数据透视、图形工具、宏编程等功能,因为方便易用而受众广泛。但其局限在于处理数据量有限。如果想针对不同数据集绘制图表,需要通晓软件内置的VBA(Visual Basic for Applications)编程语言,否则将面临大而烦琐的工作量。

2. Google Sheets

Google Sheets是基于网页的应用程序,可与Microsoft Excel兼容。Google Sheets的工作界面及操作和Microsoft Excel类似,区别在于前者的图表能以超文本链接标记语言(HTML)的格式保存。这意味着数据存储在Google的服务器上,能够异地查看和编辑,并支持实时协作。软件内含的Gadget小工具中提供多种图表类型,比如可交互的时间序列图表、地图等。

了解更多信息可参考:https://www.google.com/sheets/about/。

3. Visio

Visio是Microsoft Office家族中的一员,可以用来绘制流程图、示意图、地图、组织结构图、跨职能流程图、用例图、时序图等。Visio具备支持动态的可视化工具和模板、强大的流程管理功能以及先进的 Web 共享功能,引进了多个中大型图片实时数据源。软件支持保存图表为svg、dwg等矢量图形通用格式。

了解更多信息可参考：https://www.microsoft.com/zh-cn/microsoft-365/visio/flowchart-software。

4. Many Eyes

Many Eyes是IBM视觉传达实验室(Visual Communication Lab)主导的一个仍在进行中的研究项目，同时也是数据探索中用途最为广泛的免费工具之一，涵盖了绝大多数传统的可视化类型。该工具的优点是生成的可视化数据图都是可交互的，并提供了更先进和试验性的可视化方法。

5. Tableau Software

Tableau Software是视觉化的数据管理和分析工具，在美学和设计上发挥出色。这款软件的优点是可以挂接动态数据源，将各种图形混合搭配形成定制视图，或者通过仪表盘视图随时关注数据的动态；创建的交互图形能轻松地发布到网页，生成可以分享的链接。

了解更多信息可参考：http://tableausoftware.com。

5.1.2 润色外观的绘图工具

1. Adobe Illustrator

Adobe Illustrator是一款功能强大、易于使用的付费矢量图形设计软件，可用于创建各种标签、图标和图形，但是操作门槛较高，通常搭配其他软件一起使用。以《经济学人》制作可视化图表的工作流程为例(见图5-1)，设计者先使用内部图表工具Silver Bullet创建一个初步满意的图表，生成SVG矢量图，之后导入Adobe Illustrator进行设计优化，如更改颜色、重新定位标签和添加注释。

了解更多信息可参考：http://www.adobe.com/products/illustrator.html。

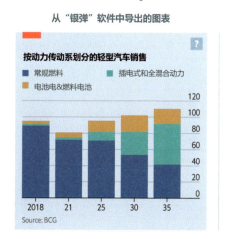

图5-1 《经济学人》利用Adobe Illustrator优化图表的案例

(图片来源：经济学人)

2. Inkscape

Inkscape是一个免费开源的绘图工具，也是一款功能强大的矢量编辑器，它兼容各种文件格式，支持用户灵活运用各种绘图、文本和效果工具来创建标签和图形。

了解更多信息可参考：http://inkscape.org。

5.1.3 自定义的编程工具

1. Echarts

ECharts是百度开发的开源数据可视化工具，是一个纯Javascript的图表库，能够在PC端和移动设备上流畅运行，兼容当前绝大部分浏览器。ECharts不是一款软件，也并非一种编程语言，而是一个图表插件。它的底层依赖轻量级的Canvas库ZRender，用户通过编写简单的代码，就能够生成可交互、可定制的数据可视化图表。

了解更多信息可参考：https://echarts.apache.org/zh/index.html。

2. Python

Python 是一款通用的编程语言，善于处理大批量数据，能胜任繁重的计算和分析工作，并利用丰富的模块来创建数据图形，简明易读的编程语法使其很受欢迎。但在可视化美学设计上，Python表现得还不够全面，需要借助其他绘图软件来润色。

了解更多信息可参考：http://python.org。

3. R语言

R语言是一门用于数据分析和可视化的免费开源语言，图形功能非常强大。支持R语言的工具包有很多，用户只需把数据载入，仅用一两行代码就可以创建出数据图形。R语言的优势在于开源，在基础分发包(如ggplot2、Network、Animation、Portfolio等)之上，还有很多扩展包，使数据可视化绘图更加简单。

ggplot2包，基于Leland Wilkinson图形语法，可根据特定的问题创建新的图形。

Network包，可创建带有结点和边的网络图。

Animation包，可制作一系列的图像并将它们串联起来做成动画。

Portfolio包，通过树图来可视化层次型数据。

了解更多信息可参考：http://www.r-project.org。

5.1.4 地图绘制工具

1. Google、Yahoo! 和Microsoft地图

这一类是较容易上手的在线地图绘制工具，提供了基于JavaScript 和Flash的地图API(application programming interface，应用程序接口)，以及一些地理相关的服务，只

需一些编程技巧就能实现。

2. Modest Maps

Modest Maps是以BSD(berkeley software distribution)许可协议发布的免费地图绘制工具，其本质上是一个Flash 和 ActionScript的区块拼接地图函数库，支持Python语言介入编程，只需提供必要的用户信息即可创建在线地图。

3. Polymaps

这款应用类似于JavaScript 版本的Modest Maps，除了Modest Maps的基础地图绘制外，还具备一些内置功能，能够生成区域密度图和气泡图等。JavaScript地图函数库的所有代码都是在浏览器内原生运行，执行起来更加容易，也便于日后更新。

了解更多信息可访问：http://polymaps.org/。

5.1.5 人工智能工具

人工智能给数据可视化领域带来了许多变化，从数据处理、图表生成到交互性和洞察力方面都有了显著的进步。人工智能数据可视化工具能够根据数据类型和特征自动选择最合适的图表类型，帮助识别数据中的模式、趋势和关联性，一些工具还可以根据用户的需求和反馈进行自适应，提供个性化的可视化结果。在推荐具体工具之前，先了解几种基于人工智能技术生成可视化信息图的方法。

1. Retrieve-Then-Adapt(RTA)

这是一个从文本数据自动生成可视化图表的工具[1]，通过抓取互联网上大量的优质信息图，模仿其设计风格来生成信息图。Retrieve-Then-Adapt流程分为4个环节(见图5-2)：用户输入文本和大量的信息图示例(通过标注的形式进行构建)；根据用户文本匹配最合适的信息图示例；快速将用户内容填充到对应示例上；通过自适应调节方法优化信息图布局。RTA 方法的优势在于它可以更快速地生成一致性和规范化的图表。由于使用了预定义的模板和规则，它可以确保生成的图表具有一定的可读性和美观性。

图5-2　Retrieve-Then-Adapt流程

2. Calliope

这是一个从表格数据自动生成数据故事的工具[2]，通过"故事生成引擎"和"故事编辑器"，直接输入表格数据就能自动生成可视化图表，其流程如图5-3所示：故事生成引擎利用逻辑关联，自动生成高显著性、高信息量的数据事实(data fact)，通过奖励函数保证故事连贯、覆盖数据足够广；基于Web的故事编辑器支持三种展示形式(信息图、手机滑动页面、数据海报)。

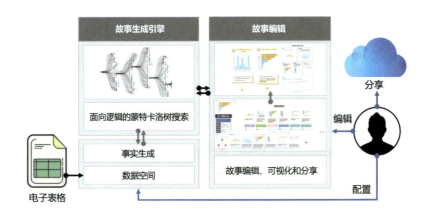

图5-3　Calliope流程

3. Dacro

Dacro是一个基于知识约束的可视化图表智能设计系统[3]，其目标是构建一个可扩展准则的可视化设计系统，将准则编码成逻辑规则，帮助评估现有图表是否满足要求，或者直接在规则基础上推荐合适图表，通过后续的可视化语法进行视觉渲染，其流程如图5-4所示。当可视化研究的科研工作者发现了新的设计准则，可以将其编码到Draco的规则中，查看是否与现有规则产生冲突。

图5-4　Draco在自动可视化设计流程中的定位

在认识了人工智能辅助可视化创作的基本逻辑之后，使用人工智能可视化工具才能得心应手。以下是几款较为成熟的智能可视化工具，可在可视化实践中予以应用。

4. MidJourney+ChatGPT

Midjourney是一个根据文本生成图像的人工智能绘图平台。用户可通过Discord的机器人指令发出提示词(prompt)来创作图表。对所需图表的描述越详细，生成的图表效果越好。自然语言生成模型ChatGPT可以帮助设计者生成易于Midjourney理解的图表描述。在ChatGPT的帮助下向Midjourney提供如下描述："使用深色主题(包括亮蓝色和粉色)，显示自行车公司销售和分销数据 KPI 的不同类型的图表和视觉效果。"就可以得到图5-5。

了解更多信息可参考：https://www.midjourney.com/home/。

扫码查看

图5-5　Midjourney根据描述生成的可视化仪表板

5. QlikView

QlikView是一款收费的商业智能分析(business intelligence，BI)可视化工具，将人工智能作为引擎内嵌入底层架构，关联引擎可以轻松地合并来自多个源的数据，为交互可视化提供即时的计算性能，让用户无须建模即可进行任意维度的探索。认知引擎是基于模拟人脑分析的过程的AI计算引擎，可以自动计算并根据用户习惯推荐个性化图表，使软件功能更易于访问。此外，QlikView独有的QVD数据存储不仅可以提高存储量和访问速度，还可以作为数据集来使用。

了解更多信息可参考：https://www.qlik.com/zh-cn。

6. AVA

AVA是一个开源的智能可视化体系,由阿里巴巴的多个专业可视化团队联合创建,目的是提供一个智能、自动化的可视化分析黑盒子。用户只需要提供数据和分析意图,AVA就能自动推荐和生成可视化图表,从而提高可视化的效率和质量。

了解更多信息可参考:https://ava.antv.antgroup.com/。

以上介绍的工具仅是数据可视化实践中的冰山一角,作为设计者,我们需要根据目标来考虑和权衡使用何种工具,不断接触和学习新的软件及方法,从简单的开箱即用软件,到自定义功能更强大的可视化编程语言,再到借助人工智能的力量,逐步创建出更加灵活、美观、深度交互的可视化作品。

5.2 Excel数据可视化

作为一个入门级工具,Excel 拥有强大的函数库,是快速分析数据的理想工具,但是 Excel 的图形化功能并不强大,可视化图表样式的可选范围有限。本节将介绍如何使用Excel创建可视化图表。

5.2.1 图表的构成

图表是能直观地显示工作表中的数据,从而形象地反映数据的差异、发展趋势及预测走向等。Excel图表由图表区、绘图区、标题、坐标轴、图例、数据系列、数据表等部分构成,如图5-6所示。

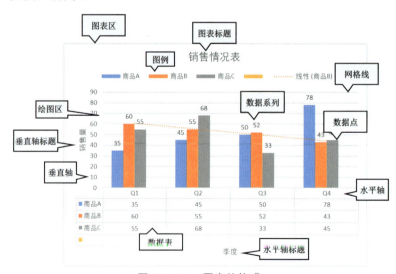

图5-6 Excel图表的构成

1. 图表区

图表区是指图表的全部范围。在图表区可进行以下操作,如图5-7所示。

(1) 改变图表的外观，设置填充、边框样式、边框颜色、阴影、发光和柔化边缘、三维格式等。

(2) 改变图表区的大小，即调整图表的大小及长宽比例。

(3) 设置图表的位置是否随单元格变化。

(4) 选中图表区后，可以设置图表中文字的字体、大小和颜色。

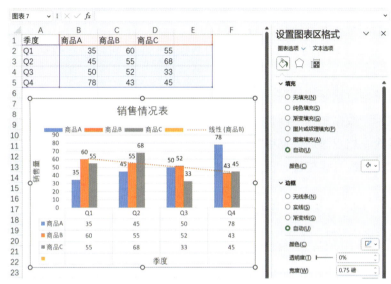

图5-7　设置图表区格式页面

2. 绘图区

绘图区是指图表区内图形表示的区域，即以两个坐标轴为边的长方形区域。在这个区域通过拖放控制点，可以改变绘图区的大小，以适配图表的整体效果。

3. 标题

标题包括图表标题和坐标轴标题。图表标题是显示在绘图区上方的类文本框，坐标轴标题是显示在坐标轴外侧的类文本框。

4. 坐标轴

坐标轴按位置不同可分为主坐标轴和次坐标轴两类。Excel默认显示的是绘图区左边的主要纵坐标轴和下边的主要横坐标轴。此区域具有以下功能。

(1) 设置刻度值、刻度线和交叉点。

(2) 设置逆序刻度或者对数刻度。

(3) 调整坐标轴标签的对齐方式。

5. 图例

图例是用不同的颜色或形状来标识不同的数据系列，具有以下功能。

(1) 对数据系列的主要内容进行说明。

(2) 设置图例显示在图表区中的位置。

(3) 单独对某个图例项进行格式设置。

6. 数据系列

数据系列是由数据点构成的，每个数据点对应于工作表中的某个数据，数据系列对应于工作表中一行或者一列数据。数据系列在绘图区中表现为彩色的点、线、面等图形。数据系列具有以下功能。

(1) 当一个图表含有两个或两个以上的数据系列时，可以指定数据系列绘制在主坐标轴或者次坐标轴。

(2) 设置不同数据系列之间的重叠比例。

(3) 设置同一数据系列不同数据点之间的间隔大小。

(4) 为各个数据点添加数据标签。

(4) 添加趋势线、误差线、涨/跌柱线、垂直线和高低点连线等，如图5-8所示。

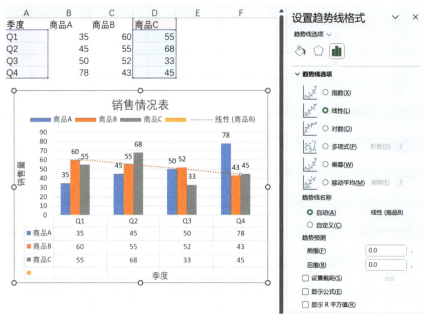

图5-8　设置趋势线格式页面

7. 数据表

数据表显示图表中所有数据系列的源数据。对于设置了显示数据表的图表，数据表将固定显示在绘图区的下方。数据表具有以下功能。

(1) 显示源数据。

(2) 设置显示数据表的边框和图例项标示。

5.2.2 数据转换和分析

1. 基于图表的数据转换

1) 改变坐标轴单位

选中y轴，双击打开"设置坐标轴格式"，在"坐标轴选项卡"中找到"显示单位"，根据需求来选择单位即可。

2) 坐标轴逆序

坐标轴逆序就是将坐标轴的数值顺序转换为反向排列，绘制在这个坐标轴上的图形也会相应转换成反向显示。

选中y轴的内容，双击打开"设置坐标轴格式"，在"坐标轴选项卡"中找到"坐标轴选项，勾选"逆序刻度值"即可。

3) 变换x轴位置

选中x轴的内容，双击打开"设置坐标轴格式"，在"坐标轴选项卡"中找到"标签"→"标签位置"，选择想要设置的x轴位置。

4) 对数刻度

在处理同一系列但前后差异较大的数据时，对数刻度可以解决图表对比性和可视性较差的问题。选中y轴，在设置坐标轴格式中，勾选"坐标轴选项的对数刻度"，使折线在不同的数量级都有较直观的表现，前后效果如图5-9所示。

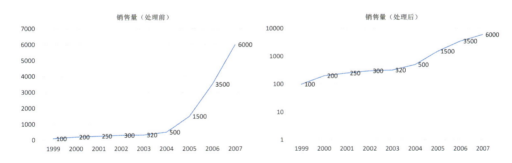

图5-9 处理前后的折线图

5) 平滑处理

把Excel图表中的折线换成平滑曲线，选中折线，双击打开"设置数据点格式"→"填充"，勾选"平滑线"。

6) 设置柱形图的间隙

选中柱形图，双击打开"设置数据系列格式"，在系列选项中找到"间隙宽度"，根据自己的需求调整即可。

2. 基于图表的可视化分析方法

在Excel业务分析工作中，主要应用到以下几类可视化分析方法。

1) 对比分析

对比分析就是将两个或两个以上的数据进行比较，分析它们之间的差异，从而揭示这些数据所代表事物的发展变化情况和规律，如预警分析、进度分析、差异分析、纵向分析、横向分析、同环比分析等。

(1) 预警分析，通常是指在数据中设置条件格式，以便在数据满足特定条件时，单元格或区域以不同的样式显示，从而识别数据中的特定模式、趋势或异常情况。

(2) 进度分析，用图表展现目标值达成情况，可以通过里程碑图、甘特图或进度表等方式进行可视化呈现。

(3) 差异分析，体现两个样本之间的差异程度，雷达图是此类分析方法的有效展现手段。

(4) 纵向对比(时间序列)，即对比同一指标在不同时间点下的情况，多用折线图与柱形图展现。

(5) 横向对比，反映在同一时间下，部分与总体、部分与部分或是对象与对象之间的对比情况，可用饼图、环形图、条形图、分段折线图等进行展现。

(6) 同环比分析。同比为本期值与同期值之间的对比；环比为本期值与上期值之间的对比，都可用图标集、柱形图、折线图等进行展现，如图5-10所示。

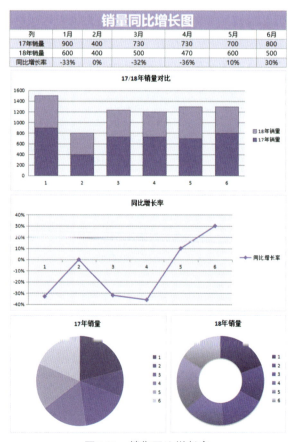

图5-10 销售同比增长率

(图片来源：xqppt.com)

同环比计算公式为

同比增长率=(本期值-同期值)/同期值×100%

环比增长率=(本期值-上期值)/上期值×100%

2) 结构分析

结构分析是反映部分与整体、部分与部分间构成关系的分析方法，通常与对比分析方法搭配使用，如构成分析、杜邦分析。

(1) 构成分析，体现部分与整体的构成关系的分析方法，可用漏斗图、瀑布图、滑珠图等图表进行展示。

(2) 杜邦分析，是由杜邦公司发明的树形结构分析方法，适用于各关键指标间有明显结构关系的业务分析，如财务指标分析(见图5-11)。

图5-11　杜邦分析体系——财务指标分析

除此之外，还有变化分析、分组分析、增维分析、矩阵分析等可视化分析方法。变化分析，是反映同一指标或多种指标状态及数值变化情况的分析方法，可用组合图表、指标构成图等图表进行展示；分组分析，是反映关键指标在不同区间内的分布情况的分析方法，区间 =(最大值-最小值)/组数，可用直方图、箱线图等统计类图表进行展现；增维分析，将不同类型图表嵌套使用，增加信息展现维度，扩展分析广度；矩阵分析，是反映观测对象在重要指标坐标系内的分类关联情况的分析方法。矩阵图适用于此类分析方法。

5.2.3 Excel可视化应用案例

1. 气泡图

气泡图(bubble chart)是散点图的变体，通过气泡的不同属性呈现不同分组数据的变化趋势。气泡图的使用范围广泛，特别适合展示多个维度的数据，能够帮助用户比较数据，识别数据模式和趋势，以及识别可能存在的关联性和异常值。

1) 准备数据

本节将基于"App用户活跃度"数据集创建气泡图案例。一般而言，气泡图通常用于表示三个数值变量之间的关系，其中两个数值变量决定了气泡在坐标系中的位置(横坐标和纵坐标)，而第三个数值变量决定了气泡的大小或颜色。

2) 插入气泡图

选中数据，注意不要选中表头文字。之后单击"插入"选项卡，在"XY散点图"类型中选择"气泡图"。

3) 调整格式

接下来设置横坐标轴的时间格式，然后设置坐标轴箭头，具体操作如图5-12所示。

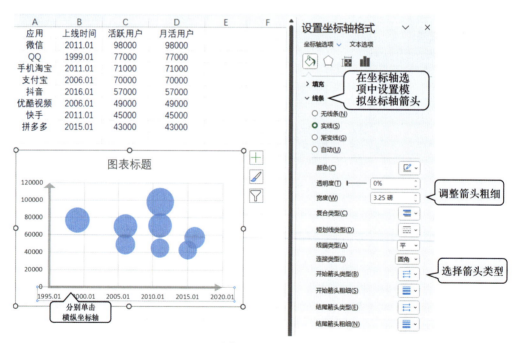

图5-12 设置坐标轴时间格式和坐标轴箭头

4) 修改颜色

双击每个气泡，在"填充"中修改颜色，如图5-13所示。

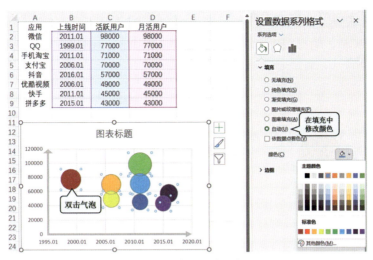

图5-13 修改气泡颜色

5) 添加数据标签

选中所有气泡或单击其中一个，具体操作如图5-14和图5-15所示。

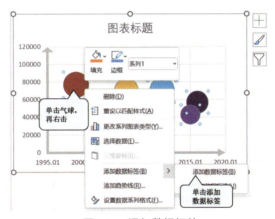

图5-14 添加数据标签

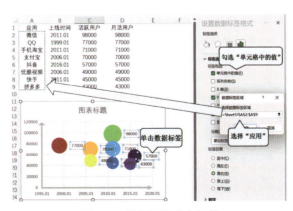

图5-15 选择双重文字标签

6) 删除多余细节，输出图表

删除多余细节，输出图表，这样就完成了一个简易的气泡图，如图5-16所示。

图5-16　Excel制作的气泡图

2. 热力图

热力图(heatmap)是一种用于将二维数据的值通过颜色变化(深浅或色系变化)来表示的图表，通常用于显示大量数据的分布情况。

1) 准备数据

本节将基于"成绩单"(见图5-17)数据集创建热力图，以直观地观察不同科目的学习情况。

	A	B	C	D	E	F	G	H	I	J
1	学生姓名	数学	语文	英语	物理	政治	化学	地理	生物	历史
2	李巧	72	75	72	94	66	67	90	60	87
3	鲁帆	69	72	91	56	89	78	88	70	89
4	章式	68	76	93	65	67	77	78	98	65
5	王晓	73	78	98	70	94	99	78	79	67
6	王海强	61	78	73	78	70	79	79	63	52
7	刘刚	86	97	61	78	79	88	63	84	34
8	张严	86	83	86	97	63	91	66	81	65
9	魏寒	95	78	86	83	84	86	61	63	72
10	吴妍	86	98	95	78	81	77	63	83	78
11	刘忠云	73	62	86	98	63	44	83	76	78
12	周韵	89	94	73	62	83	91	73	45	97
13	薛利恒	79	60	89	94	70	86	61	78	82
14	杜晋	91	70	79	60	96	94	86	97	77
15	张倩	86	88	67	78	87	83	86	97	61
16	萧山	94	78	81	98	63	78	86	83	68
17	詹仕通	77	84	64	62	83	98	95	78	91
18	刘汉安	81	92	78	84	86	62	86	98	89
19	刘会民	95	76	89	81	95	94	73	62	87
20	仇帆	94	66	83	63	86	60	89	94	98
21	司徒春	56	89	90	83	67	55	99	88	66

图5-17　制作热力图的成绩单数据

2) 利用条件格式的色阶来做深浅色

首先选中一列数据，在"开始"选项卡中找到并单击"条件格式"，下拉菜单中单击"色阶"，随即选择一种默认色阶，如图5-18所示。

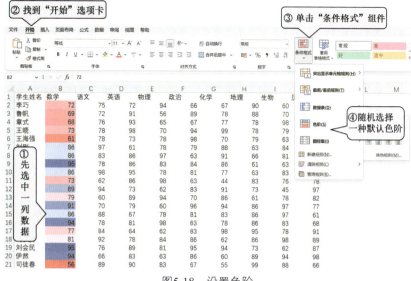

图5-18 设置色阶

3) 修改色阶

根据成绩单的数据特点和所想达到的可视化目的，我们选择单一颜色、不同深浅的色阶，颜色越深代表成绩越高，颜色越浅代表成绩越低。

第一步，单击"条件格式"中的"管理规则"；第二步，在弹出的"条件格式规则管理器"窗口中双击"渐变颜色刻度"；第三步，在新弹出的"编辑格式规则"窗口中设置格式样式为"双色刻度"；第四步，修改最大值和最小值的颜色，建议使用单一色系的不同深浅色，如浅蓝到深蓝；最后单击"确定"，如图5-19所示。

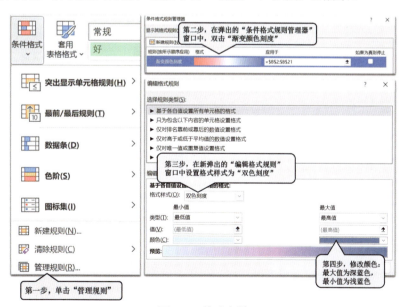

图5-19 修改色阶

这样就得到了一列数据的自定义色阶，由于不同学科的总体难易度不同，需要用格式刷逐列覆盖条件格式，初步得到的成绩热力图(见图5-20)，各个学科内的成绩高低情况皆有所体现。

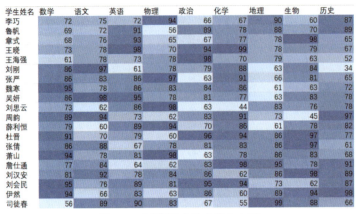

图5-20　初步形成的成绩热力图

4) 隐藏数据和美化

第一步，选中数据，单击"数字"选项卡，在弹出界面中选择"自定义"，将类型设置为"；；；"，单击"确定"，如图5-21所示。第二步，在去掉数字显示的基础上，为单元格加上白色的框线，隐藏多余的单元格框线，增加标题、副标题和备注，最终效果如图5-22所示。

图5-21　隐藏数据

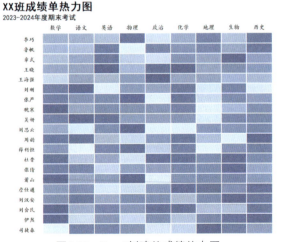

图5-22　Excel创建的成绩热力图

3. 利用加载项实现可视化

Excel也能制作高端可视化图表，只是需要利用加载项来完成。以E2D3加载项为例，它包含形式多样的图表，包括桑基图、地图、径向图、旭日图、关系图等。

使用E2D3加载项实现可视化的操作步骤：在"插入"中找到并单击"获取加载项"，在弹出对话框中输入"E2D3"后，单击"添加"→"继续"，如图5-23所示。接下来就可以作图了。

图5-23　获取加载项

下面以制作桑基图为例，详细介绍制图步骤。

(1) 单击左上角的"Recommend"，把鼠标移至桑基图上方，然后单击弹出页面中的"Visualize"，如图5-24所示。

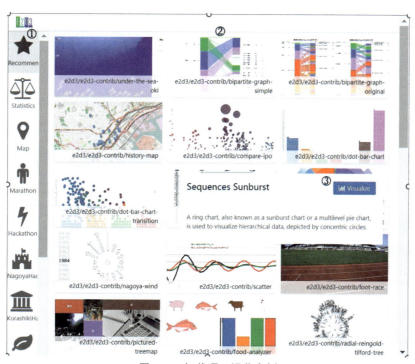

图5-24　加载项可视化案例

(2) 选中图表后，将会在图表左边自动生成三列数据，我们需要按照这三列的数据格式处理数据，如图5-25所示。

138 / 数据可视化

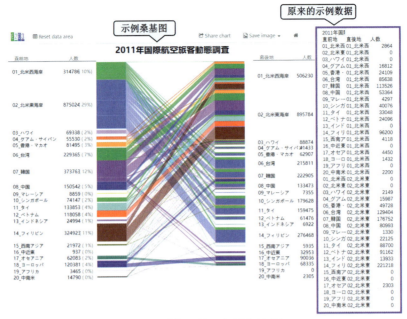

图5-25 替换桑基图案例中的数据

(3) 虽然生成了我们想要的图表样式，但数据源不正确，此时可把处理好之后的数据直接粘贴至图表数据区域，并删除多余数据和修改错误数据，即可生成想要的图表，如图5-26所示。当数据量比案例中大时，则需要选中数据，再单击对话框中右上角的"Reset data area"。

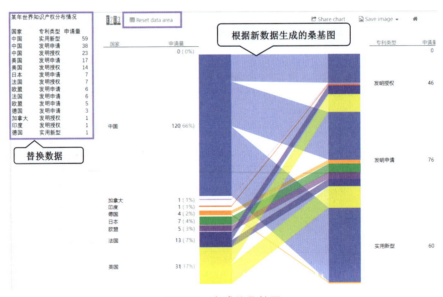

图5-26 生成的桑基图

除了根据新数据生成的桑基图外，E2D3加载项还提供了多种高级图表案例，设计者可深入探索，用类似方法替换数据，最终生成可视化图表。

此外还有其他实用的加载项，如Bing Maps可用于生成地图。

5.3 Tableau数据可视化

本节主要介绍免费版本Tableau Public的操作，虽然这个版本在可视化图形的选择和功能上有所局限，但能够满足练习的基本需求。不过需要注意的是，该版本需要把数据上传至Tableau服务器，才能创建可交互的图形，因此存在一定数据安全风险。

5.3.1 Tableau可视化的4个层次

在Tableau中，可视化是通过4个层次来构建的：字段、工作表、仪表盘和故事，每个层次都构建在前一个层次的基础上，从而形成一个完整的数据可视化过程。

1. 整理字段：理解数据表中的独立层次结构

数据表是对事件的描述和反映，一行数据即为一条数据记录。字段(field)代表数据表中的列，一列即为一个字段。列的名称就是字段名，每个字段描述事件的某一个特征。将多个不同的字段组合在一起，可以创建出完整的、有意义的数据表格。通常情况下，几个关键字段就能完整描述一个事件发展的基本逻辑，其他字段则是对不同特征的补充，因此整理字段是理解数据层次、梳理事件特征的重要环节。

2. 工作表：依据字段的层次结构完成数据可视化

工作表(sheet)是数据可视化的基本单元。它是用于创建和展示单个图表或视图的页面，其中包含了数据字段、图表类型、数据筛选、排序、聚合等设置。

3. 仪表板：探索不同数据之间的关联关系

仪表盘(dashboards)是由多个工作表组合而成的综合视图。在仪表盘中，用户可以将不同的工作表放置在一个页面上，通过设置交互动作和过滤器，使得这些工作表联动，并形成更全面的数据展示和分析。

4. 故事：通过数据呈现的顺序和方式建构叙事逻辑

故事(stories)是一个用于传达数据发现和洞察的叙述性报告。故事由多个仪表板组成，设置数据呈现的顺序与方式，构成叙事逻辑，引导读者明晰各种事实之间的关系。我们可以将其理解为一本故事书，按照情节发展的顺序，逐页讲述给读者；也可以将它看作一份幻灯片，按照演讲逻辑引导观众。

5.3.2 数据准备

1. 数据导入

数据导入界面在打开软件的初始界面上，如图5-27所示，该界面的主要功能是连接文件，包括本地文件、服务器文件两种类型。本节将基于本地文件"World Bank CO_2"

数据集，展开介绍数据准备的各项操作。

图5-27　Tableau数据导入界面

导入数据后，将左侧工作表中的数据拖入界面中间，即生成数据源界面，方便用户预览表格，以检查数据是否存在影响可视化的问题，例如是否存在缺失值。

2. 数据清洗和筛选

Tableau的优势在于数据可视化，但其数据处理分析、预处理清洗能力较弱，因此最好先使用专业的数据清洗软件进行数据处理。本节将介绍在该软件进行的数据清洗操作。

1) 数据解释器

数据解释器(data interpreter)是Tableau内置的一个功能，它可以帮助用户在导入数据时解决常见的数据质量问题，如空值、重复数据、格式不一致等。

2) 数据透视功能

导入数据源后，Tableau会将数据中的每个字段分配为"数据"窗格的维度或度量，具体情况视字段包含的数据类型(离散或连续)而定，如表5-1所示。大多数情况下，维度是离散的，而度量是连续的。

表5-1　不同属性的字段及标记

字段属性		图标颜色	数据类型
维度	连续维度	绿色	类别
	离散维度	蓝色	
度量	连续度量	绿色	数值
	离散度量	蓝色	

高格式数据(high cardinality data)是指在某个特定维度上具有大量不同取值的数据。机器可读数据采用高格式时效果更好，即包含更少的列和更多的行。

数据透视的操作步骤：选中要透视的所有数据(类型为"#"的部分)→右击"转

置"→单击"更改字段名称"。利用数据透视功能清洗数据的前后对比如图5-28所示。

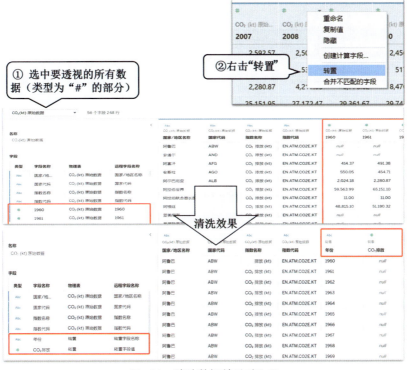

图5-28　清洗数据前后对比图

3) 去除缺失值

操作步骤：使用右上角的筛选器→单击"添加"→单击"添加筛选器"→单击"特殊值"→勾选"非Null值"→单击"确定"，如图5-29所示。

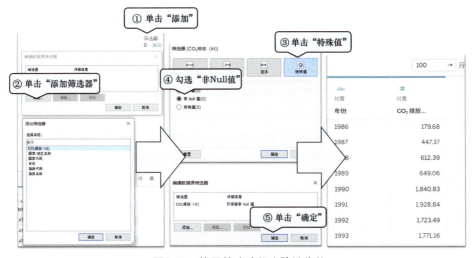

图5-29　使用筛选功能去除缺失值

4) 拆分数据

第一步，转到工作表页面，单击"国家/地区名称"，右击选择"变换"，单击

"自定义拆分"。第二步,在打开的新窗口中,输入"空格"作为分隔符,选择"最后",并单击"确定",如图5-30所示。

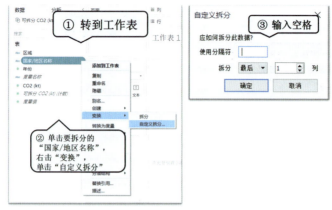

图5-30 拆分数据

在自定义拆分中,拆分方式有以下三种,如图5-31所示。

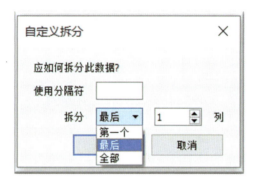

图5-31 自定义拆分窗口

(1) 第一个:拆分出分隔符之前的内容。

(2) 最后:拆分出分隔符后的内容(本案例所需要的拆分格式)。

(3) 全部:显示拆分的各组内容。

选择哪种方式,取决于用户拆分数据的需求。

3. 数据连接与并集

1) 连接

连接,即合并匹配行的不同列,例如把两张表格的数据置于一张表中。下面以将CO_2(kt)和CO_2(人均)置于一张表为例。

操作步骤:打开表格→双击表格名称,自动转到物理层中的"连接/并集"画布→将另一张表拖至其旁边→单击连接符号,设置配对字段(两个表格都包含的字段)→隐藏相同的列,如图5-32所示。

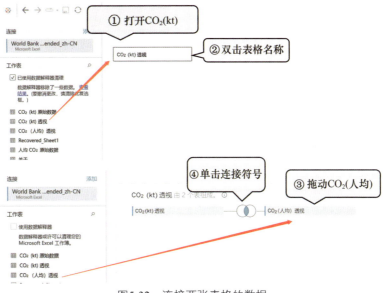

图5-32 连接两张表格的数据

数据的连接方式分为4种。

(1) 内部连接,仅保留两个数据集能匹配的行。

(2) 左侧连接,即使存在不匹配的数据,仍然保留左侧数据集的所有行。

(3) 右侧连接,即使存在不匹配的数据,仍然保留右侧数据集的所有行。

(4) 全部连接,即使存在不匹配的数据,仍然保留所有数据集的所有行。

2) 并集

并集,即合并匹配列的不同行,纵向堆叠数据,例如将世界二氧化碳排放总量加入各国的二氧化碳排放数据集。

操作步骤:打开一张表→双击表格以转到物理层中的"连接/并集"画布→将另一张表拖动,置其下方,如图5-33所示。

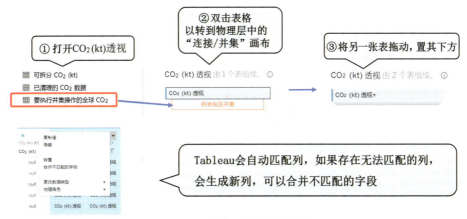

图5-33 并集两张表格的数据

5.3.3 创建工作表

1. 工作表界面介绍

Tableau的工作表界面主要分为数据区、分析区、页面、筛选器、标记卡、功能区、智能推荐等几个区域，如图5-34所示。

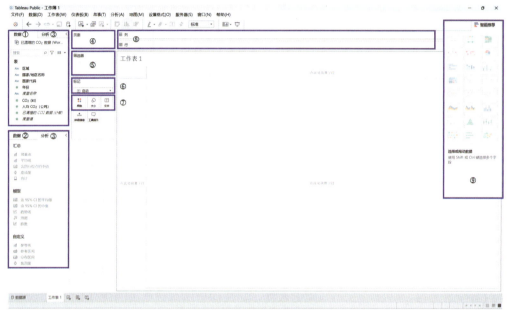

图5-34 Tableau工作表界面

(1) 数据区。①所代表的位置是数据字段维度，②所代表的位置是数据字段度量，呈现导入的数据。系统会自动识别哪些字段是"维度"，哪些字段是"度量"，但有时也需要人工修改。例如，在生成地图时，经、纬度就是坐标轴，需要将"度量"中的经纬度修改成地理角色。修改后，"国家/地区名称"的图标变成了一个小地球，如图5-35所示。

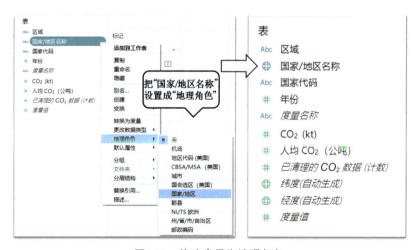

图5-35 修改度量为地理角色

(2) 分析区，③所代表的位置，包含汇总、模型、自定义，用于分析数据。

(3) 页面，④所代表的位置，用于制作动图。

(4) 筛选器，⑤所代表的位置，用于筛选需要进行分析的数据。

(5) 标记卡，⑥所代表的位置，用于选择图的类型；⑦所代表的位置，用于处理图中数据的颜色、大小、文本，例如增加图表层次或对外观进行修饰美化。

(6) 功能区，⑧所代表的位置，包括行功能区和列功能区，分别对应工作表的横轴和纵轴，需将字段直接拖入其中来构建表格。

(7) 智能推荐，⑨所代表的位置，可根据所选数据推荐最合适的图表形式，当没有数值进入操作界面时，智能推荐表呈灰色。

2. 创建图表的主要步骤

1) 添加字段至功能区

添加字段到功能区，直接拖拽即可。下面以创建最简单的文本表为例。

本节基于"超市"数据集，创建一个按年份和类别显示总销售额的文本表。

操作步骤：将"发货日期"拖拽入"列"功能区→将"类别"拖入"行"功能区→将"销售额"拖入标记卡中的"文本"中，如图5-36所示。

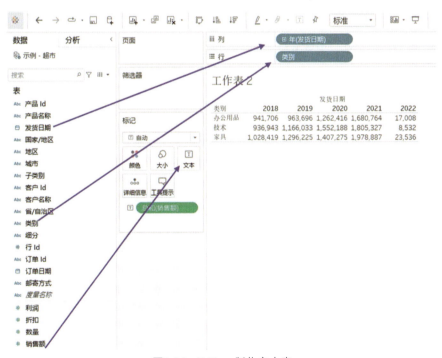

图5-36　Tableau制作文本表

2) 选择图表属性

将字段拖入功能区后，可通过标记卡选择图表类型，或选择"智能推荐"的图表，如图5-37所示。

146 / 数据可视化

图5-37 选择图表类型的两种方法

3) 修饰图表

创建图表后，可通过"标记"中的选项对图中数据进行处理，改变可视化图形的"大小""颜色"，或添加"信息标签"等。

3. Tableau可视化应用案例

1) 简单图表生成案例

本节将基于"超市数据"创建以下几种简单可视化图表。

(1) 突出显示表：用颜色的深浅表示数据的大小。

例如创建一个展示不同产品销售额的突出显示表，操作步骤：添加商品的子类销售额详情→将"子类别"拖至"类别"右方→在"智能推荐"中选择"突出显示表"，即可自动生成图表→在"标记"中可更改渐变颜色，生成突出显示表如图5-38~图5-39所示。

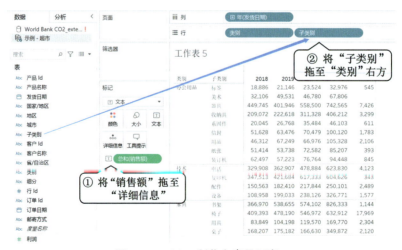

图5-38 Tableau制作突出显示表1

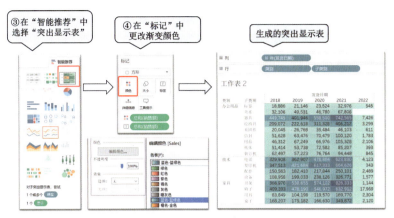

图5-39　Tableau制作突出显示表2

如果将"销售"直接拖至颜色(或将文本改为颜色),则不显示具体数据,只显示色块(鼠标悬浮会显示详情),如图5-40所示。

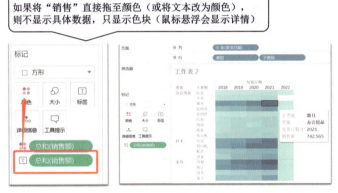

图5-40　Tableau制作突出显示表3

(2) 散点图：直观显示数字变量之间关系。

例如创建一个展示销售额与利润之间关系的散点图,操作步骤：将"利润"度量拖入"列"功能区→将"销售额"拖入"行"功能区→将"子类别"拖至"颜色"(横坐标、纵坐标、颜色,分隔三种数据维度)→添加趋势线,从"分析"窗格中将"趋势线"拖到视图中,如图5-41所示。

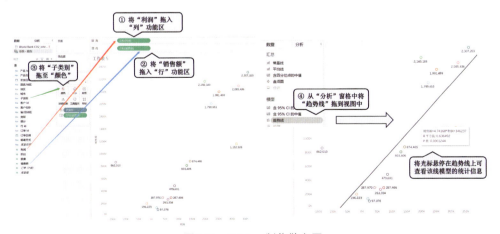

图5-41　Tableau制作散点图

(3) 条形图:用长度代表不同类别数据之间的差异。

例如创建一个对比四年间总销售额的条形图,操作步骤:将"日期"拖入"列"功能区,将"销售额"拖入"行"功能区→"标记"类型选择"条形图"→如果想显示数据,可以将"销售额"拖入"标签"→单击"标签",更改字体、颜色等,如图5-42所示。

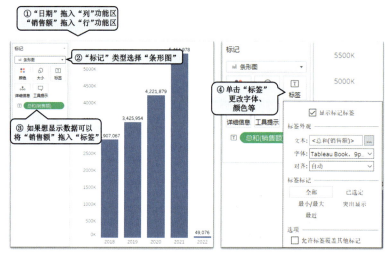

图5-42 Tableau制作条形图

(4) 堆积图:在条形图的基础上,显示单个项目与整体之间的关系。

条形图属于"比较"类型的图,堆积图属于"构成"类型的图。例如创建一个比较销售额中各类型占比变化情况的堆积图,操作步骤:将"类别"拖至"颜色"→单击"行"功能区的"销售额",右击"添加表计算",选择"合计百分比",选择"向下"→单击标记卡中的销售额,右击"添加表计算",选择"合计百分比",选择"向下",如图5-43所示。

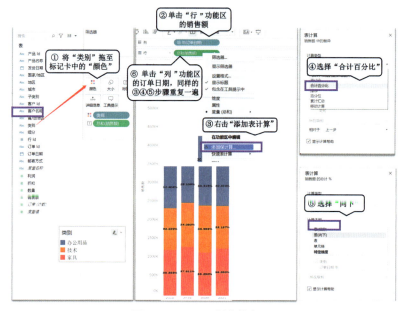

图5-43 Tableau制作堆积图

(5) 折线图：显示一系列数值随时间变化的趋势。

例如创建一个展示销售额和利润变化的折线图，操作步骤："标记"类型选择"线"→将"利润"拖至"销售额"轴→创建一个混合轴，如图5-44所示。

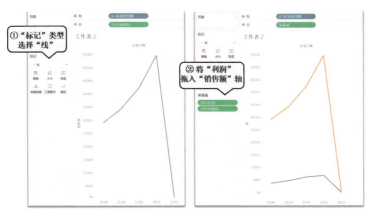

图5-44　Tableau制作折线图1

以"年"为单位，视图稀疏，可以改为以"季度"或"月份"为单位，生成的视图比原来的视图更加详细，如图5-45所示。

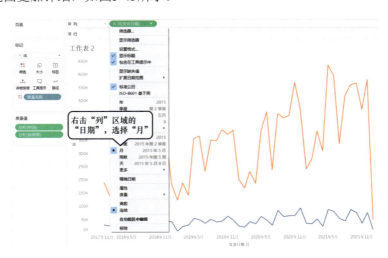

图5-45　Tableau制作折线图2

(6) 组合图：为度量分配不同的标记类型。

例如使用折线标记显示"利润"，使用条形标记显示"销售额"，让它们同时存在于一张图表中。

操作步骤：将"日期"拖入"列"功能区→右击"日期"，将"年"更改为"月"→将"销售额"拖入"行"功能区→将"利润"度量拖到视图右侧，得到一个折线图，如图5-46所示；随后，单击"销售额"标记卡，将标记类型更改为"条形"，完成这些操作后，就得到了组合图，如图5-47所示。

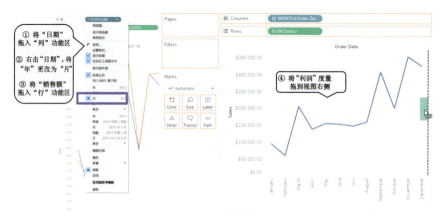

图5-46　Tableau制作组合图1

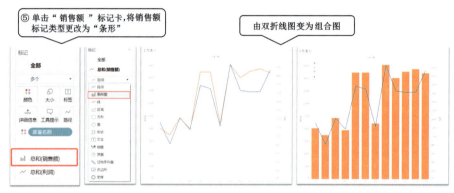

图5-47　Tableau制作组合图2

(7) 饼图：显示各部分的比例，适用在分组较少的情况。

例如创建一个显示不同产品类别对总销售额的贡献的饼图，操作步骤："行"区域为"类别"，"列"区域为"销售额"→在"智能推荐"中找到饼图，单击→将"销售额"和"类别"字段拖入"标签"→右击"销售额"，在"快速表计算"中选择"合计百分比"→右击选择"设置格式"，修改小数位数，如图5-48所示。

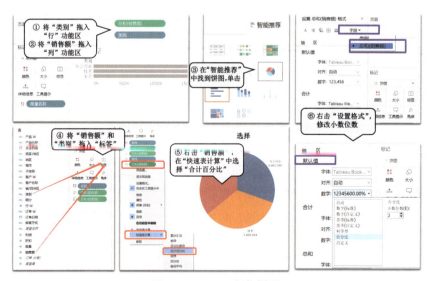

图5-48　Tableau制作饼图

(8) 树状图：通过嵌套在一起的矩形块呈现数据占比与关系。

例如创建一个显示不同区域的各类产品销售额分布情况的树状图，操作步骤：将"销售额"拖入"列"功能区，将"子类别"拖入"行"功能区→在"智能推荐"中找到树状图→将"地区"拖入"颜色"，如图5-49所示。

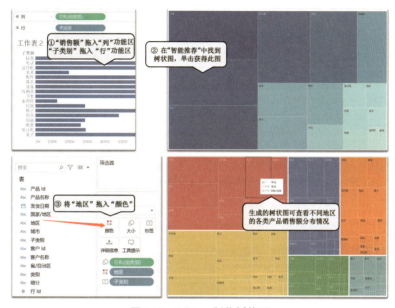

图5-49　Tableau制作树状图

(9) 地图：适合显示各个位置的定量数据。

创建地图的方法至少有4种：①直接把"国家/地区"维度拖入工作表中；②直接双击"国家/地区"维度；③把"经度"拖入"列"功能区，把"纬度"拖入"行"功能区；④按"Ctrl"全选"经度"和"纬度"→在"智能推荐"选择"符号地图"或"地图"。

需要注意的是，在制作地图之前，首先要把"国家/地区"等转化为相应的地理角色，如图5-50所示。

图5-50　转换地理角色

例如基于"国际客户数据",制作某商品在欧洲地区销售额情况的比例符号地图与填充地图。

制作地图的操作步骤:把"销售额"拖入标记卡中的"大小"→把"国家/地区"拖入"标签"→在"智能推荐"中双击"符号地图",得到比例符号地图→继续在"智能推荐"中双击"地图",得到填充地图。

(10) 热力地图(密度图):显示可视数据群集的趋势。

例如基于国际客户数量,了解来自哪些国家的顾客最多。操作步骤:把"国家/地区"拖入"详细信息"→把"客户ID"拖入"详细信息"→"标记"类型改为"密度"→修改颜色和大小,考虑是否加标签。

2) 复杂图表生成案例

(1) 甘特图。甘特图(Gantt chart)用于查看项目计划、日期或不同定量变量之间的关系,通过活动列表和时间刻度能够形象表示出某一项目的顺序和持续时间。下面基于"超市数据",用甘特图表示从下单到发货之间要经过多少天。

操作步骤:将"订单日期"拖到"列"功能区→在订单日期上右击,选择周数→构建一个两级嵌套维度分层结构,如图5-51所示。

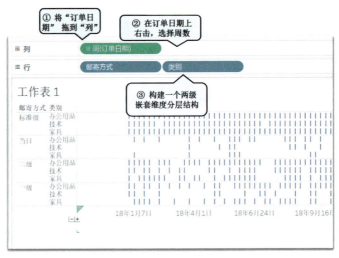

图5-51　构建两级嵌套维度分层结构

接下来需要创建计算字段计算订单日期和发货日期之间的间隔长度。操作步骤:数据区域空白处右击→创建计算字段→命名字段(OrderUntilShip)→输入计算公式,如图5-52所示。

公式:DATEDIFF('day', [订单日期], [发货日期])。

公式含义:"订单日期"与"发货日期"之间差异的自定义度量(以天为单位)。

图5-52 创建计算字段

计算字段就是利用数据源中已存在的数据创建新数据，新计算的字段将保存到数据源(原始数据会保持不变)，并且可用于创建更强大的可视化项。

(了解更多信息可参考：https://help.tableau.com/current/pro/desktop/zh-cn/functions.htm)。

常用的计算函数如表5-2所示。

表 5-2 Tableau中常见的计算函数

类别	表达式	功能
数字函数	MAX([Sales],[Profit]) / MIN([Sales],[Profit])	返回两个参数中的较大值/较小值
	ROUND(number, [decimals])	将数字舍入为指定位数
	ZN(expression)	使用此函数可使用零值而不是 Null 值
字符串函数	REPLACE(string, substring, replacement)	替换字符串数据域和字符串
	UPPER(string) / LOWER(string)	使所有字符为大写/小写
	PROPER(string)	使每个单词的第一个字母大写
日期函数	DATEDIFF(date_part, date1, date2, [start_of_week])	查找两个日期之间相隔的日期数量
	DATENAME(date_part, date, [start_of_week])	提取一个日期的日、年、周、月
	DATEPARSE(date_format, [date_string])	将字符串转换为指定格式的日期时间
类型转换函数	STR(expression)	将参数转换为字符串
	INT(expression)	将参数转换为整数

(续表)

类别	表达式	功能
逻辑函数	IF <expr1> AND <expr2> THEN <then> END	对两个表达式执行逻辑合取运算
	CASE <expression> WHEN <value1> THEN <return1> WHEN <value2> THEN <return2> ... ELSE <default return> END	执行逻辑测试并返回相应的值
聚合函数	SUM(expression)	返回表达式中所有值的总和
	AVG(expression)	返回表达式中所有值的平均值
	CORR(expression 1, expression2)	返回两个表达式的皮尔森相关系数,衡量两个变量之间的线性关系
	COVARP(expression 1, expression2)	返回两个表达式的总体协方差,对两个变量的共同变化方式进行量化

OrderUntilShip的默认聚合是Sum(总和),但在此情况下改为平均值更合理。操作步骤:将"OrderUntilShip"度量拖到标记卡的"大小"上→更改度量→选择"平均值"。

时间跨度过长可能导致对比不够清晰,因此筛选一个更小的时间窗口。操作步骤:按住"Ctrl"将"(周)订单日期"拖到"筛选器"→单击日期范围→单击"下一步"→使用滑块或直接在日期框中输入所需的数字,例如2024年1月到2月。

最后生成的甘特图清晰地显示了有关下单时间与发货时间之间的滞后时间的各种信息,如图5-53所示。

图5-53 Tableau制作的甘特图

(2) 箱线图。箱线图用于显示一组数据的分布情况和异常值,以帮助观察者更好地理解数据的特征和统计指标。下面基于"超市数据",创建按客户细分市场展示折扣情况的箱线图。操作步骤：将"细分"拖到"列"功能区→将"折扣"拖到"行"功能区→在"智能推荐"中选择"盒须图"，如图5-54所示。

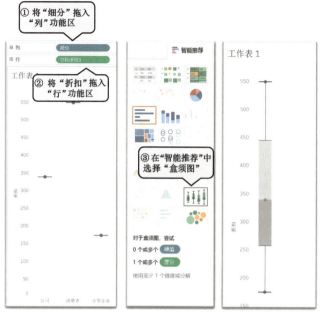

图5-54 初步箱线图

此时的数据是基于总和的聚合数据(即一列只有一个数据)，因此需要解聚数据。操作步骤：选择"分析"→取消"聚合度量"，如图5-55所示。

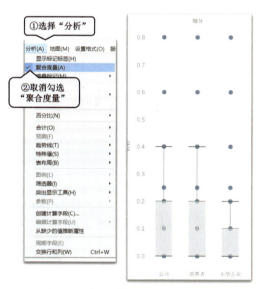

图5-55 解聚数据后得到的箱线图

最后，对生成的箱线图进行颜色、样式上的调整，包括交换行与列的位置。具体操作与最终效果如图5-56所示。

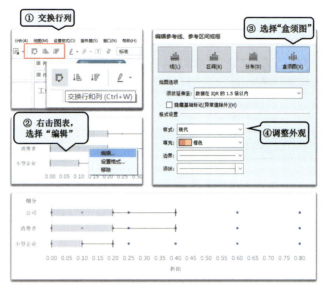

图5-56　调整外观细节得到最终箱线图

(3) 标靶图。标靶图又称子弹图，通常在条形图的基础上，增加一些参考线和参考区间，用于展示目标值和实际值的对比。下面基于"酒店数据"，创建不同地区酒店五一预订情况标靶图。

操作步骤：标靶图通常横向展示，因此将"地区"拖至"行"功能区→将"五一预订量"拖至"列"功能区→选择图表类型"条形图"→单击图示底部浅蓝色区域，右击选择"添加参考线"功能区，如图5-57所示。

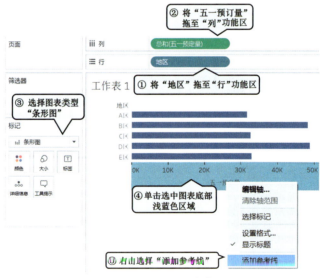

图5-57　Tableau制作标靶图1

添加参考线的步骤：选择"线"，选择"每区"→选择"五一预订量"的"平均值"，单击确定便得到了不同地区酒店五一预订量的平均值线，如图5-58所示。

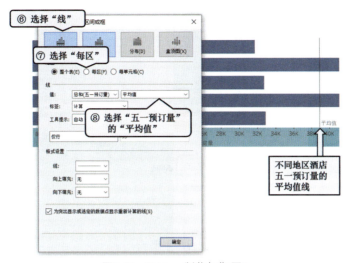

图5-58　Tableau制作标靶图2

接下来要将五一预订量和预期预订量进行比较。操作步骤：把"预期预订量"拖入"详细信息"→单击表中的平均线，选择"编辑"→窗口中"值"选择"总和(预期预订量)"，因为我们要对比的是每一个地区酒店自己预期的预订量和五一实际预订量，所以"范围"选择"每单元格"，"标签"选择"无"，如图5-59所示。

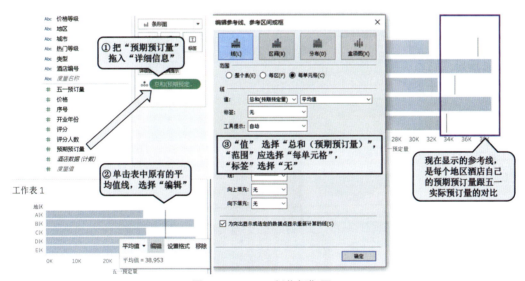

图5-59　Tableau制作标靶图3

在此基础上，继续添加60%和80%参考线，操作步骤：单击选中图示底部浅蓝色区域，右击选择"添加参考线"→单击"分布"→勾选"每单元格"→输入"60%，80%/总和预期预订量"→勾选"向上填充"和"向下填充"，如图5-60所示。

158 / 数据可视化

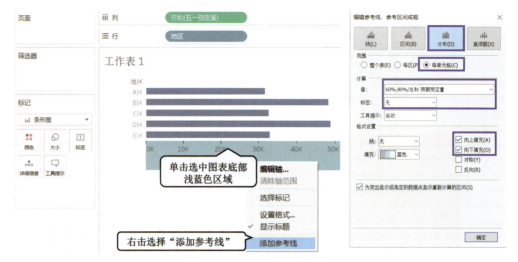

图5-60　Tableau制作标靶图4

通过交换行与列，在标记卡中调整图表格式，最后得到的标靶图如图5-61所示。鼠标悬停在想了解的区域，即可查看不同地区酒店的评分和预期评分之间的关系。

(4) 漏斗图。漏斗图用于展示数据在多个阶段或步骤中的逐渐减少或递减的过程。漏斗图通常用于表示销售、转化率、流程等具有递进关系的数据，帮助用户更直观地了解不同阶段之间的数据变化和转换率。下面基于"流量转化"数据集，制作一个流量转化漏斗图。

操作步骤：将"数量"拖至"列"功能区→将"阶段"拖至"行"功能区→将"阶段"拖至"颜色"，得到的条形图如图5-62所示。

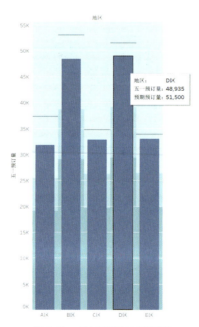

图5-61　最终得到的标靶图

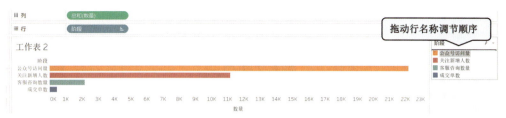

图5-62　按业务流程先后调整顺序

接着，复制一个图表。操作步骤：在"列"功能区按住"Ctrl"往右边拖拽"数量"标签→在标记卡中，将第二张图表的类型改为"线"→将第一张图表的类型改为"条形图"→单击底部轴，变成浅蓝色，右击选择"双轴"，如图5-63所示。

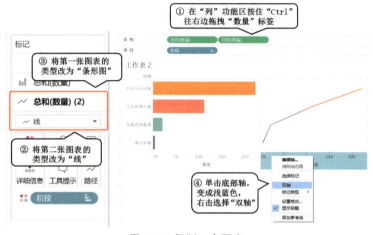

图5-63　复制一个图表

图表上面的横轴和下面的横轴可能会有一定错位，单击"同步轴"可以使两个轴完全对应，如图5-64所示。

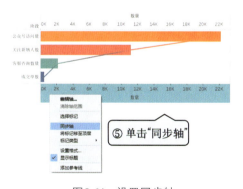

图5-64　设置同步轴

再复制一个已经做好的复合图表，操作步骤：按住"Ctrl"，全选两个"数量"，拖拽到右边→在标记卡中将复制的第三张图表的类型改为"条形图"，将第四张图表的类型改为"线图"→设置为"双轴"→设置为"同步轴"，如图5-65所示。

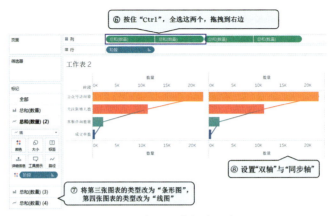

图5-65 复制一个复合图表

下一步要将两个图表调转方向,合成一个漏斗形状的图表,操作步骤:单击底部轴→右击选择"编辑轴",选择"倒序"→取消勾选"显示标题"。此处需注意,上下两条轴都要选择倒序。合成的漏斗图形如图5-66所示。

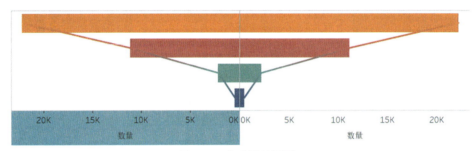

图5-66 合成漏斗图形

想要知道流量转化率,需要计算并添加百分比,计算方法有两种。

第一种方法是计算相对于访问量的转化率(标记在漏斗左侧),操作步骤:将"阶段"和"数量"拖入第二张图表的"标签"上→右击标记卡中的"(总和)数量"→选择"添加表计算"→选择"百分比"→选择"相对于第一个"。

第二种方法是计算每一层的转化率(标记在漏斗右侧),操作步骤:将"数量"拖入第4张图表的"标签"上→右击标记卡中的"(总和)数量"→选择"添加表计算"→选择"百分比"→选择"相对于上一步"。

最终生成的流量转化漏斗图如图5-67所示。

(5)旋风图。旋风图本质上就是成对的条形图,在同一行上对称地显示和比较两个类别的指标。下面基于"人口金字塔"数据集,建立不同性别的年龄人口分布旋风图。

首先创建数据桶,生成纵坐标(以10年为单位的年龄段),操作步骤:右击"Age",选择"创建"功能区,选择"数据桶"→设置数据桶大小为"10"→将"Age数据桶"拖入"行"功能区→右击Null,选择"排除",如图5-68所示。

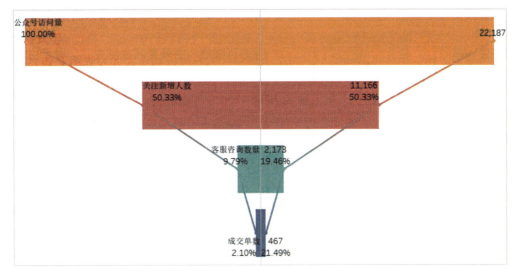

图5-67 流量转化漏斗图

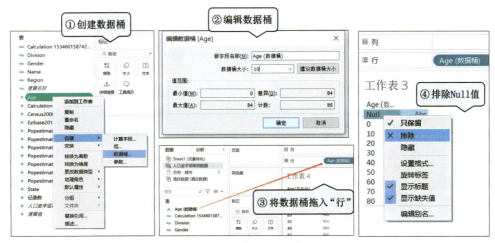

图5-68 创建数据桶

有了纵坐标，可以进一步创建两个计算字段，分离男女数据。在本例中，人口普查数据将男性的"Gender"值定义为"Male"，字段"ESTBASE2010"包含估计人口值。

操作步骤：单击"分析"窗格→选择"创建计算字段"→输入名称→输入公式。本案例中需要用到的名称和公式如下：

创建男性人口字段，输入计算名称：Male Population

输入以下公式，将男性组成部分从人口中隔离：IF [Gender] ="Male" THEN [ESTBASE2010] END

创建女性人口字段，输入计算名称：Female Population

输入以下公式，将女性组成部分从人口中隔离：IF[Gender] ="Female" THEN [ESTBASE2010] END

下一步，将两个计算字段拖到"列"→将"Gender"字段拖到"颜色"，生成两个分别显示男女人口的条形图。之后，将两个条形图合并成金字塔形状，操作步骤：右击左侧图表的轴，选择"编辑轴"→勾选"倒序"复选框→按年龄降序排列，如图5-69所示。

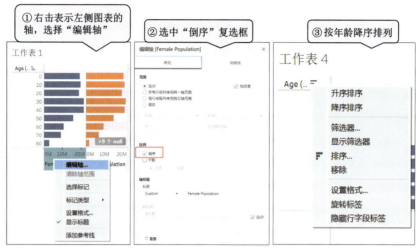

图5-69　合成金字塔形状的步骤

最终得到的人口金字塔如图5-70所示。

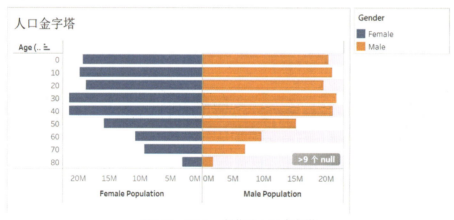

图5-70　Tableau制作的人口金字塔

5.3.4　创建仪表板

1　仪表板界面介绍

首先单击Tableau左下角第二个图标，新建仪表板。进入仪表板工作界面后，右侧是操作报表的区域，左侧是功能区(包括设备预览、大小、工作表、对象、平铺与浮动)，如图5-71所示。

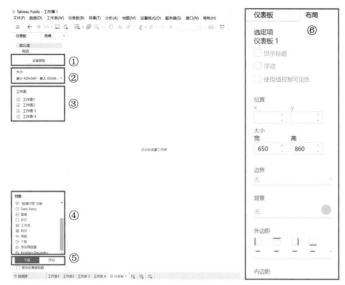

图5-71 仪表板界面

① 设备预览。设备预览的功能是查看报表在不同设备上的展示情况。

② 大小,用于设置仪表板大小。

- 固定大小(默认值):不管用于显示仪表板的窗口的大小如何,仪表板保持相同大小。
- 范围:仪表板在指定的最小大小和最大大小之间进行缩放。如果用于显示仪表板的窗口比最小的还小,则会显示滚动条;如果该窗口比最大的还大,则会显示空白。
- 自动:仪表板会自动调整大小以填充用于显示仪表板的窗口。

③ 工作表。此区域的功能是将工作表直接拖入右侧,多个图表组成报表。

④ 对象,能够添加各种对象,具体包括以下几种。

- "数据问答"功能:使用户可以输入针对特定数据源字段的对话查询,作者可以针对特定受众。
- Data Story:建立关系故事,以查看资料与另一组资料的比较情况。要构建关系故事,必须至少有两个度量和一个维度。
- 图像:可添加本地图片或链接到URL。
- 空白:用于调整仪表板元素之间的间距。
- 工作流:一个成熟度框架,帮助组织更好地利用数据来提升工作效率。通过这个框架,组织可以改进和优化工作方式。
- 网页:通过输入网址实现网页插入。
- 导航:让读者从一个仪表板导航到另一个仪表板,或者导航到其他工作表或故事,类似于超链接跳转。
- 下载:可以快速创建整个仪表板或选定工作表的 PDF 文件、PowerPoint 幻灯片或 PNG 图像。格式设置选项与导航对象类似。

- 扩展程序：能向仪表板中添加独特的功能，或将它们与Tableau外部的应用程序集成。

⑤ 平铺与浮动。先选择平铺或浮动，再把工作表、对象元素拖入报表中。
- 平铺：水平或垂直置入，其他对象的位置随之变化。
- 浮动：可以自由放置，其他对象的位置不变。

⑥ 布局，即设置格式。

2. 仪表板的交互方式

交互是Tableau仪表板提供的强大功能。Tableau中的交互操作主要有三种，分别是突出显示、筛选器和URL链接。

(1) 突出显示，主要用于强调被选中的内容，引导读者关注选中的内容。有两种方式可以实现突出显示。第一种方式是设置"荧光笔"，在相关图例上单击"荧光笔"图标即可激活该功能，如图5-72所示。

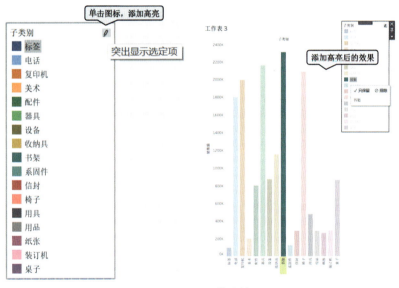

图5-72 设置"荧光笔"

如果有其他个性化需求，可采用第二种方式：通过"仪表板"→"操作"→"突出显示"→"添加突出显示动作"路径，从5个方面设置"突出显示"(见图5-73)。

- 名称：根据需要自定义"突出显示"操作的名称，便于识别。
- 源工作表：设置触发"突出显示"的工作表。
- 目标工作表：设置"突出显示"触发后，哪些工作表匹配内容会高亮显示。
- 运行操作方式：触发"突出显示"的方式，一是悬停，鼠标放在源工作表上，即可触发"突出显示"；二是选择，在源工作表上通过鼠标单击后，才能触发"突出显示"；三是菜单，在源工作表上通过鼠标单击后，再进一步选择"突出显示"的名称，才能触发"突出显示"。
- 目标突出显示：选择需要突出显示的字段，默认是所有字段。

第5章 数据可视化工具／165

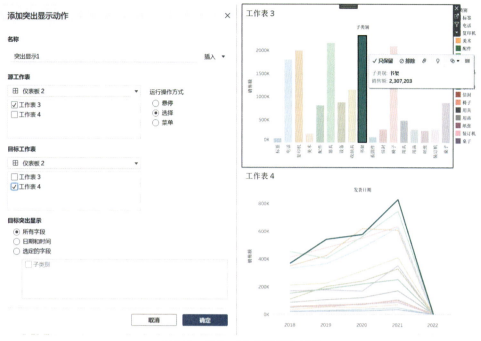

图5-73 添加"突出显示"动作

(2) 筛选器。筛选器可以实现工作表之间的关联展示。进入路径："仪表板"→"操作"→"添加操作"→"筛选器",如图5-74所示。

图5-74 添加筛选器

如果用户希望在单击仪表板地图上的不同区域时,其他视图能够同步显示所选区域的相关信息,则可以在"添加筛选器动作"窗口进行设置,与设置"突出显示"的5个方面类似(见图5-75)。

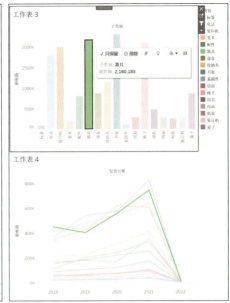

图5-75 添加筛选器动作

(3) URL链接。添加URL链接，可以在选中源工作表的特定对象时，弹出需要展示的网页。进入路径："仪表板"→"操作"→"添加操作"→"转到URL"。

URL窗口的设置有以下几个方面。

- 名称：可以根据需要任意填写，通过单击小三角，设置动态名称。
- 源工作表：选择需要弹出URL链接的工作表。
- URL：填入需要弹出的网页网址，并将引入动态字段，从而实现单击不同目标，打开对应网页的效果。
- 运行操作方式：选择"菜单"进行操作。

设置完成后，单击视图内的相关对象，即可在弹出的菜单中显示所输入的链接，单击该链接，默认浏览器会打开所对应的网页。

3. 仪表板操作案例

1) 准备工作表

下面基于"World Bank CO_2"数据集，创建一个仪表盘，实现人均CO_2排放气泡图和折线图的联动。首先我们需要创建两个工作表：人均CO_2排放气泡图(见图5-76)和各国人均CO_2随时间变化折线图(见图5-77)。

操作步骤1：将"人均CO_2"拖入"大小"和"颜色"→将"国家/地区"拖入标签→选择智能推荐中的填充气泡图→更改渐变颜色→重命名工作表。

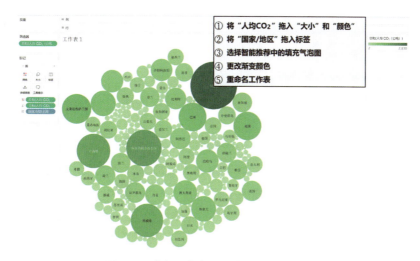

图5-76 准备工作表：人均CO_2排放气泡图

操作步骤2："年份"拖入"列"→"人均CO_2"拖入"行"→"国家/地区"拖入"详细信息"→"人均CO_2"拖入"颜色"→更改渐变，与其他图表保持一致→更改工作表名称，得到第二个工作表：各国人均CO_2随时间变化折线图。

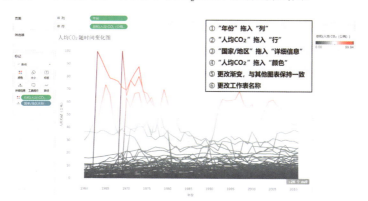

图5-77 准备工作表：各国人均CO_2随时间变化折线图

2) 新建仪表板，拖入工作表(见图5-78)

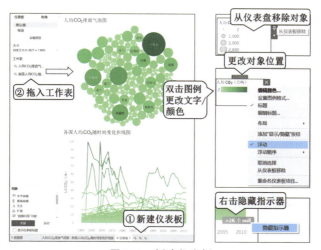

图5-78 新建仪表板

拖入工作表后，对仪表板进行隐藏指示器、从仪表盘移除对象、更改对象位置、删除容器、更改图例样式等操作。

3) 添加筛选器：联动工作表，增加交互性

方法1：通过"仪表板"→"操作"→"添加筛选器动作"路径进行设置。

方法2：单击图表上的小漏斗符号。

需要注意的是，再次单击筛选器，可重置视图，如图5-79所示。

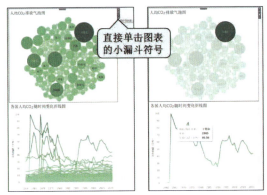

图5-79　单击小漏斗符号添加筛选器

4) 添加其他对象

例如在仪表板中添加本地图片"CO_2.jpeg"，操作步骤如图5-80所示。

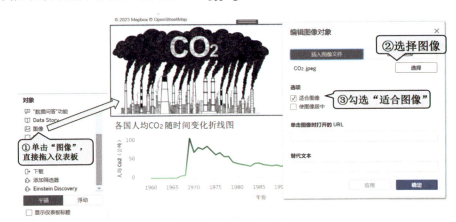

图5-80　添加本地图片到仪表板

5) 针对不同设备调整布局

仪表板可以包括屏幕大小各异的不同类型的设备的布局。当可视化作品发布到Tableau Server 或 Tableau Online 时，可以自适应读者的设备。

添加到设备布局中的任何视图、筛选器、动作、图例或参数必须首先存在于默认仪表板中。设置默认值的操作如图5-81所示。

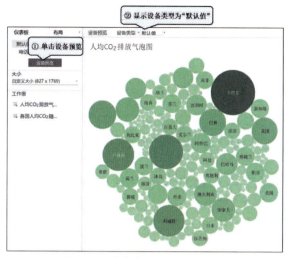

图5-81 调整布局：设置默认值

"桌面(台式机)"和"平板电脑"布局独立于默认仪表板，因此每个设备布局都可包含唯一的对象排列方式。调整具体设备布局的操作如图5-82所示。

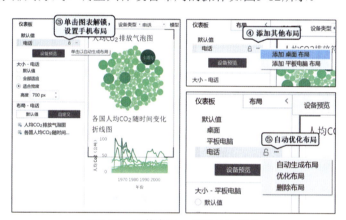

图5-82 调整布局：根据具体设备

最后生成的仪表板可作为一个可视化作品导出。

5.3.5 创建故事

仪表板制作完成后，就可以"讲故事"了。当我们想好以怎样一个逻辑"讲故事"后，需要做的仅仅是将之前做好的工作表或仪表板拖入页面，并添加相应标题与说明。

1. 故事界面介绍

故事界面功能区如图5-83所示。

170 / 数据可视化

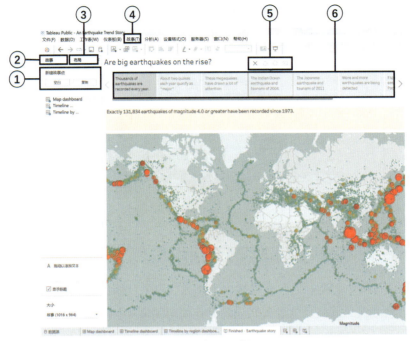

图5-83　故事界面功能区

① 新建故事点。选择"空白"，以添加新故事点；或者选择"复制"，以将当前故事点用作下一个故事点的起点。

② "故事"窗格。可将仪表板、工作表和文本描述拖到故事工作表。

③ "布局"窗格。选择导航器样式，以及显示或隐藏前进、后退箭头。

④ "故事"菜单。设置故事的格式，或者将当前故事点复制或导出为图像(仅限Tableau desktop)。

⑤ "故事"工具栏。当鼠标悬停在导航区域上时，会出现此工具栏，可用来恢复更改、将更新应用于故事点、删除故事点，或创建一个新故事点。

⑥ 导航器。编辑和组织故事点，即讲故事的逻辑。

2. 如何讲述故事

通过数据呈现的顺序和方式，我们可以引导读者串联事实之间的关系。以下是在数据可视化作品中较为常见的几种叙事逻辑或手法。

1) 随时间而改变

作用：通过时间线说明事物的变化或趋势。

案例：可视化作品《阿森纳的伤病危机》如图5-84所示。

2002—2014年间，英超球队阿森纳的球员遭遇了近900次伤病，该案例以年份为线索，呈现伤病逐年累积的数量、种类并梳理伤病发生的场景，以此展开讨论：为什么会发生这种情况？为什么会一直发生？球队能做什么来阻止这种情况发生？

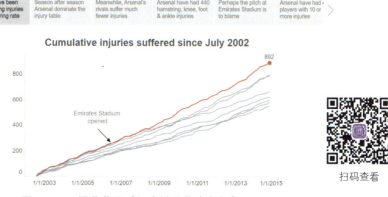

图5-84 可视化作品《阿森纳的伤病危机》页面

2) 下钻查询

作用：设置上下文，以便受众更好地了解特定类别中发生的事件。

案例：可视化作品《辛普森一家》如图5-85所示。

该案例在开头抛出了《辛普森一家》的与众不同之处：它是有史以来播出时间最长的黄金时段电视剧，继而开始探索这部剧为什么与众不同，从收视率走势、最受欢迎的剧集情节到主要角色和客串嘉宾，依次展开介绍。

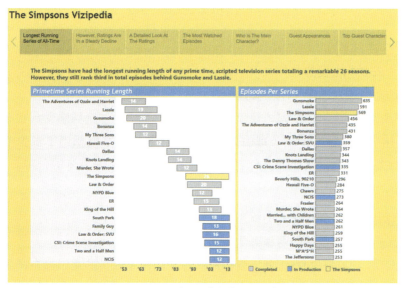

图5-85 可视化作品《辛普森一家》页面

3) 缩小

作用：描述受众关注的内容与大局的关系。

案例：可视化作品《在温哥华骑自行车的人的交通习惯》如图5-86所示。

在温哥华，人们接受自行车文化的同时也带来了很多交通事故，这或许与骑自行车的人的交通习惯有关，然而问题全出在他们身上吗？该案例从自行车这一出行工具入手，探讨其与交通安全的关系，最终将讨论扩大到所有道路使用者的交通习惯对交通安全的影响。

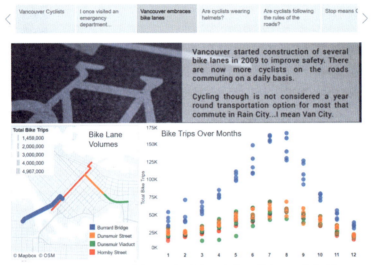

图5-86　可视化作品《在温哥华骑自行车的人的交通习惯》页面

4) 对比

作用：表明两个或多个主题的差异。

示例：可视化作品《埃及的金字塔》如图5-87所示。

埃及金字塔是一个规模庞大的建筑，仅仅通过百科上的数字无法真切感受到它的宏伟。该可视化案例让用户先输入自己公寓的面积，自动计算出金字塔相当于多少个公寓，由此比对出金字塔的巨大。例如，埃及金字塔相当于2830套300平方米的公寓。

5) 十字路口

作用：突出重要的转变并分析转变的原因。

案例：可视化作品《美国政治的两极分化》如图5-88所示。

皮尤研究中心发现，1994—2015年间，自由派和保守派两党成员的意识形态评分相差越来越远，向两极分化的态势转变。因此，该案例从几大关键议题(卫生保健、移民问题、枪支控制等)入手，探讨不同党派、年龄、地区、经济收入的居民的政治倾向，进一步探索是什么原因导致意识形态两极分化，这一转变是好还是坏，以及会带来什么影响。

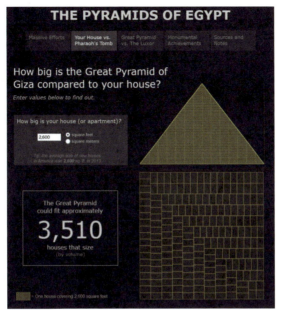

扫码查看

图5-87 可视化作品《埃及的金字塔》页面

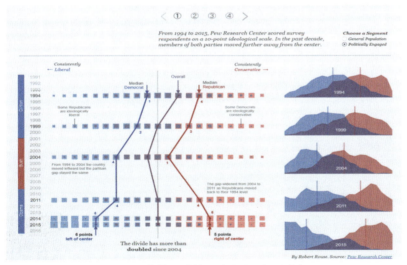

扫码查看

图5-88 可视化作品《美国政治的两极分化》页面

6) 因素

作用:通过将主题分成不同类型或类别,进而解释主题。

案例:可视化作品《地球和地球上的生命正在消亡——这要归功于一个物种》如图5-89所示。

该案例在开头说明地球陆地和海洋中各存在大量物种,并提出我们应该更加关注的一个特定类别——人类自身,指出我们(人类)正在以过去一万年来从未见过的速度"蚕食"自己的生命支持系统,例如破坏土地和淡水系统,排放温室气体并向环境释放大量农业化学品等,最后提出倡议保护生态物种多元化。

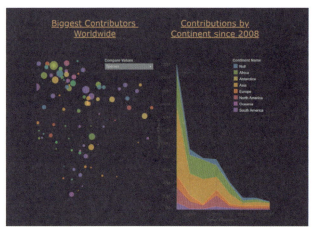

扫码查看

图5-89　可视化作品《地球和地球上的生命正在消亡——这要归功于一个物种》页面

7) 离群值

作用：显示异常或事件的特别之处。

示例：可视化作品 *S.O.S. X-Mas Campaign 2015 (for Grown Ups)* 如图5-90所示。

该案例是SOS儿童支持项目的宣传案例，以圣诞老人20亿儿童赠送礼物的故事开头，引出落后地区的儿童甚至没有写下愿望清单的机会，因此成为圣诞夜的"异类"，从而提出SOS儿童支持项目将努力为他们完成愿望。

扫码查看

图5-90　可视化作品 *S.O.S. X-Mas Campaign 2015 (for Grown Ups)* 页面

3. 故事操作案例

操作示例：一个随时间变化的地震趋势的故事。

该案例包含三个仪表板，如图5-91所示。

① 地图仪表板，表明世界各地在某段时间内的地震分布，颜色越红，震级越高。

② 时间仪表板，表明地震数量随时间变化情况。

③ 区域仪表板，表明不同地区地震数量随时间变化情况。

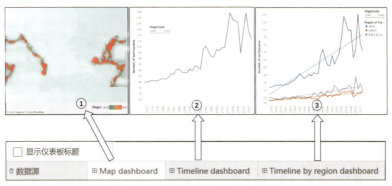

图5-91 案例包括的三个仪表板

1) 构建故事

新建一个故事,并修改标题和仪表板尺寸。

操作步骤:新建故事,重命名为"地震故事"→双击标题,更改故事名称→将地图仪表板的尺寸修改为"适合 地震故事 大小",如图5-92所示。

图5-92 新建故事

2) 放入仪表板

为了帮助受众理解,第一个故事应该显示最广泛的观点。因此将"地图仪表板"拖入故事工作界面中,并添加描述和说明,如图5-93所示。

图5-93 放入仪表板

3) 下钻查询

使用下钻查询手法缩小故事范围以向前叙述,将第一个故事点用作下一个故事点的基准。

操作步骤:单击左侧"新建故事点"下的"复制"→将"震级"筛选器更改为"7.000 — 9.100",以筛选掉较小的地震,并添加描述,如图5-94所示。

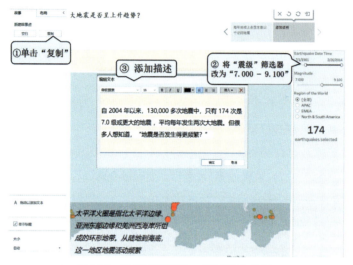

图5-94　设置下钻查询:筛掉较小地震

每编辑完一个故事点,单击"故事栏工具",保存更新。

在下一个故事点中,进一步缩小故事的焦点,关注"超级地震"的情况。操作步骤:单击第二个故事点中的"复制",用作第三个故事点的基准→将"震级"筛选器更改为"8.000—9.100"→添加说明和描述,如图5-95所示。

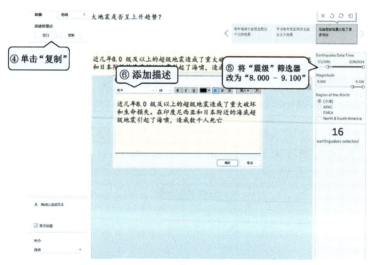

图5-95　设置下钻查询:关注超级地震

下一步突出显示离群值,聚焦最近历史上最致命的两次地震。操作步骤:"复制"一个新的故事点→将"震级"调整为"9.000—9.100",最终只显示两个数据点,分别位于日本和印度洋，如图5-96所示。

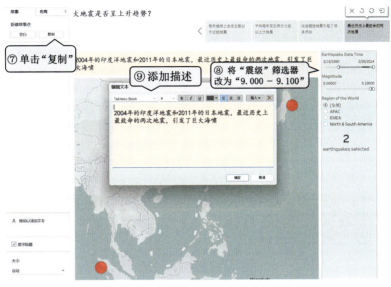

图5-96　设置下钻查询：聚焦最致命的两次地震

4) 为数据点添加注释

为历史上两次最大的地震添加注释。

操作步骤：选中数据点→右击"添加注释"→单击"标记"，如果想修饰注释文字，可以选中注释→右击"设置格式"→设置"框"和"线"，如图5-97所示。

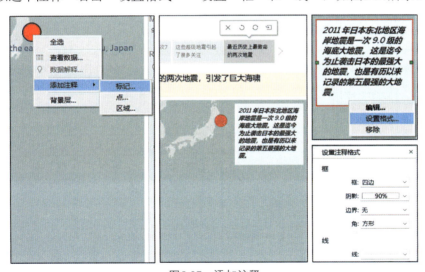

图5-97　添加注释

5) 显示趋势

在下一个故事点，切换到时间仪表板，展示地震发生的趋势。

操作步骤：首先将时间仪表板的大小设置为"适合地震故事大小"，之后返回地震故事界面，单击"空白"，创建一个新的故事点→将时间仪表板拖入故事中→添加说明

→使用"拖动以添加文本",添加趋势描述,如图5-98所示。

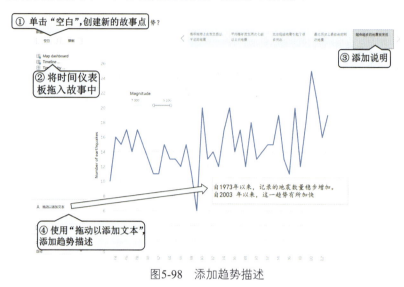

图5-98 添加趋势描述

6) 地区比较

在地图仪表板中,我们已经发现地震频率有区域差异。在下一个故事点中,引入区域时间表仪表板,比较不同地区的变化差异。

操作步骤:单击"空白",创建新的故事工作表→拖入区域时间表仪表板,发现亚太地区格外引人注目→添加说明与描述,如图5-99所示。

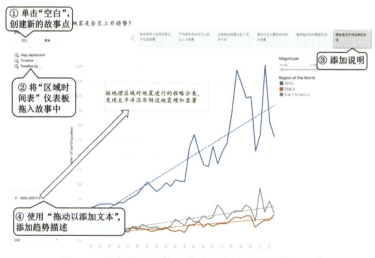

图5-99 添加地区比较:发现亚太地区地震增加显著

到目前为止,故事已经得出结论:自1973年以来,太平洋沿岸的地震频率有所增加。但故事开头的问题是"大地震是否变得更频繁"。为了回答这个问题,在最后一个故事点中将观察震级为"5.000—9.100"的大地震的变化趋势。

操作步骤:单击"复制",创建新的故事工作表→将"震级"筛选器设置为"5.000—9.100→修改描述→修改说明",如图5-100所示。

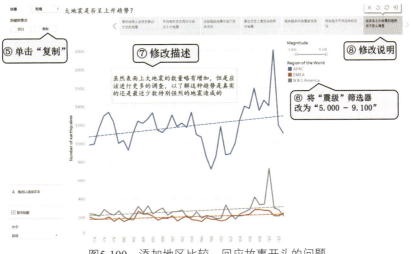

图5-100 添加地区比较：回应故事开头的问题

7) 调整样式

完成故事之后，可根据设计需要，单击"布局"，修改导航器的样式，更改故事的样式，使可视化故事呈现得更加美观协调。

5.3.6 导出与发布

1. 导出

可视化制作完成之后，可能需要将结果导到其他应用程序。操作步骤：在"数据"下拉菜单中选择想保存的数据→单击"将数据导出为"，即可获得数据文件。

2. 发布

Tableau Public生成的可视化图表，需要上传至Tableau Public的服务器上完成发布。使用者需要注册Tableau Public账号，才可以有独立的账号空间来上传和储存完成的可视化作品。操作步骤：在"文件"下拉菜单中单击"在Tableau Public中另存为"，将自动连接服务器，并将完成的可视化作品上传至服务器。

5.4 ECharts数据可视化

ECharts 的使用相对简单，对于初学者而言，直接对 ECharts官网上提供的各种图表模板进行简单的修改，即可实现数据可视化图表的制作。本节主要介绍ECharts数据可视化的基本操作。

5.4.1 ECharts使用基础

ECharts生成的动态交互图表最终呈现在网页当中，因此我们需要了解一定的Web设计基础,掌握HTML、CSS、JavaScript是使用ECharts创建可视化图表的基础。

1) HTML:定义网页可视化作品的内容

HTML全称 Hyper Text Markup Language,即超文本标记语言,设计者可以使用HTML来建立自己的Web站点,通过一系列标签将网络上的文档格式统一,使分散的Internet资源链接为一个逻辑整体,可以包含文字、图形、动画、声音、表格、链接等。

学习教程可参考:https://www.runoob.com/html/html-tutorial.html。

2) CSS:描述网页可视化作品的布局

CSS 全称Cascading Style Sheets,即层叠样式表,是一种用来表现HTML文件样式的计算机语言,文件扩展名为.css。CSS不仅可以静态地修饰网页,还可以配合各种脚本语言动态地为网页中的元素添加样式,提升网页开发的工作效率。

学习教程可参考:https://www.runoob.com/css/css-intro.html。

3) JavaScript:控制网页可视化作品的行为

JavaScript(JS),是一种轻量级的高级编程语言,被广泛用于Web应用开发。它的作用是控制HTML中的每一个元素,比如鼠标滑过弹出下拉菜单。网页上动态、交互的环节一般都用JavaScript来实现。因此,JavaScript能够为用户提供更流畅、美观的浏览效果。

学习教程可参考:https://www.runoob.com/js/js-tutorial.html。

5.4.2 搭建开发环境

1. 选择开发工具

Echarts并不是开箱即用的软件。作为一个插件图表库,要先引入到一个前端开发软件中才能开始编辑代码,例如Visual Studio Code、WebStorm、 Sublime Text、Atom等。

2. 获取Echarts

1) 官网下载

开发环境建议下载源代码版本echarts.js,并用<script>标签引入,源码版本包含了常见的错误提示和警告。

下载地址:https://echarts.apache.org/zh/download.html。

2) GitHub下载

在ECharts的GitHub上下载最新的release版本,解压出来的文件夹里的 dist 目录里可以找到最新版本的ECharts库。

下载地址:https://github.com/apache/echarts/tree/5.4.2/dist。

3) NPM方法

通过npm获取echarts，npm install echarts –save，并引入开发工具。

4) CDN方法

通过以下网址获取，建议把文件下载到本地。

Staticfile CDN：https://cdn.staticfile.org/echarts/4.3.0/echarts.min.js。

引入代码如下：

```html
<!-- 为ECharts准备一个具备大小(宽高)的Dom -->
<div id="main" style="width: 600px；height:400px；"></div>
```

3. 引入Echarts

ECharts只需要像普通的JavaScript库一样，用script标签引入开发工具即可。

代码如下：

```html
<!DOCTYPE html><html><head>
    <meta charset="utf-8">
    <!-- 引入 ECharts 文件 -->
    <script src="echarts.min.js"></script></head></html>
```

5.4.3 创建图表的主要步骤

下面创建一个酒店入住人数随时间变化的可交互折线图。

1. 创建HTML页面

第一步，创建一个HTML页面，将下载好的echarts.min.js文件引入开发工具：

```html
<!DOCTYPE html>
<html>
<head>
    <meta charset="utf-8">
    <!-- 引入 ECharts 文件 -->
    <script src="echarts.min.js"></script>
</head>
</html>
```

2. 准备盛放图表的容器

第二步，为ECharts准备一个具备高度与宽度的DOM容器。

代码中的"id"为main的div，用于包含ECharts绘制的图表：

```html
<body>
    <!-- 为 ECharts 准备一个具备大小(宽高)的 DOM -->
    <div id="main" style="width: 600px；height:400px；"></div>
</body>
```

3. 设置配置信息

(1) 配置数据。ECharts库使用的数据要以json格式来配置，引入代码如下：

```
echarts.init(document.getElementById('main')).setOption(option);
```

以上代码中的"option"表示使用json数据格式的配置来绘制图表。

(2) 配置图表的标题。引入代码如下：

```
title: {
    text: ' ECharts操作示例'
}
```

(3) 配置提示信息。引入代码如下：

```
tooltip: {},
```

(4) 设置图例组件。图例组件展现了不同系列(serise)的标记(symbol)，颜色和名字。

可以通过单击图例控制哪些系列不显示，引入代码如下：

```
legend: {
    data: [{
        name: '系列1',
        // 强制设置图形为圆。
        icon: 'circle',
        // 设置文本为红色
        textStyle: {
            color: 'red'
        }
    }]
}
```

(5) 配置要在横轴显示的项。引入代码如下：

```
xAxis: {
    data: ["星期一","星期二","星期三","星期四","星期五","星期六"]
}
```

(6) 配置要在纵轴显示的项。引入代码如下：

```
yAxis: {}
```

(7) 配置纵轴系列列表。设置为折线图，引入代码如下：

```
series: [{
    name: '酒店入住人数',    // 系列名称
    type: 'line',    // 系列图表类型
    data: [15, 20, 28, 22, 36, 42]    // 系列中的数据内容
}]
```

每个系列通过type决定自己的图表类型，主要的嵌入代码及图表类型如表5-3所示。

表5-3 主要的嵌入代码及图表类型

嵌入代码	图表类型	嵌入代码	图表类型
type: 'bar'	柱状/条形图	type: 'heatmap'	热力图
type: 'line'	折线/面积图	type: 'map'	地图
type: 'pie'	饼图	type: 'graph'	关系图
type: 'scatter'	散点(气泡)图	type: 'sankey'	桑基图
type: 'effectScatter'	带有涟漪特效动画的散点(气泡)图	type: 'funnel'	漏斗图
type: 'radar'	雷达图	type: 'gauge'	仪表盘
type: 'tree'	树形图	type: 'pictorialBar'	象形柱图
type: 'boxplot'	箱形图	type: 'candlestick'	K线图
type: 'treemap'	另一种树形图	type: 'themeRiver'	主题河流
type: 'sunburst'	旭日图	type: 'custom'	自定义系列

4. 完整代码

```
<!DOCTYPE html>
<html>
<head>
<meta charset="utf-8">
<title>ECharts操作示例</title>
<!-- 引入 echarts.js -->
<script src="https://cdn.staticfile.org/echarts/4.3.0/echarts.min.js"></script>
</head>
<body>
 <!-- 为ECharts准备一个具备大小(宽高)的Dom -->
<div id="main" style="width: 600px；height:400px；"></div>
 <script type="text/javascript">
// 基于准备好的dom,初始化echarts实例
var myChart = echarts.init(document.getElementById('main'));

// 指定图表的配置项和数据
var option = {
    title: {
        text: 'ECharts操作示例'
    },
    tooltip: {},
    legend: {
        data:['酒店入住人数']
    },
    xAxis: {
        data: ["星期一","星期二","星期三","星期四","星期五","星期六"]
    },
    yAxis: {,
        series: [{
            name: '酒店入住人数',
            type: 'line',
         data: [15, 20, 28, 22, 36, 42] }]
```

```
        };
        // 使用刚指定的配置项和数据显示图表。
        myChart.setOption(option);
    </script>
</body>
</html>
```

5. 运行代码,生成可交互的可视化图表

酒店入住人数随时间变化的可交互折线图如图5-101所示。

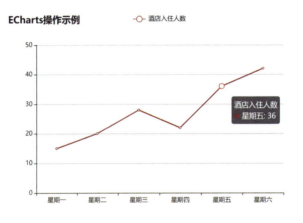

图5-101 酒店入住人数随时间变化的可交互折线图

5.4.4 操作案例:创建数据下钻的旭日图

本节计划创建一个家庭成员的亲缘分支旭日图,以"爷爷"作为最内圈的父节点,"叔叔"和"父亲"作为第一层外圈的子节点,同时也是最外圈"表兄弟"和"我"的父节点。

1. 创建图表

使用 ECharts 创建旭日图很简单,只需要在series配置项中声明类型为sunburst即可,data 数据结构以树形结构声明。代码如下:

```
var option = {
    series: {
        type: 'sunburst',
        data: [{
            name: 'A',
            value: 10,
            children: [{
                value: 3,
                name: 'Aa'
            }, {
                value: 5,
                name: 'Ab'
            }]
```

```
        }, {
          name: 'B',
          children: [{
            name: 'Ba',
            value: 4
          }, {
            name: 'Bb',
            value: 2
          }]
        }, {
          name: 'C',
          value: 3
        }]
      }
    };
```

2. 调整图表样式

默认情况下会使用全局调色盘 color 分配最内层的颜色,其余层则与其父元素同色。

在旭日图中,扇形块的颜色有以下三种设置方式:一是在 series.data.itemStyle 中设置每个扇形块的样式;二是在 series.levels.itemStyle 中设置每一层的样式;三是在 series.itemStyle 中设置整个旭日图的样式。

上述三种方法的优先级是从高到低的。也就是说,配置了 series.data.itemStyle 的扇形块将会覆盖 series.levels.itemStyle 和 series.itemStyle 的设置。下面,我们将整体的颜色设为灰色 #aaa,将最内层的颜色设为蓝色 blue,将 Aa、B 这两块设为红色 red。

按层配置样式是一个很常用的功能,能够在很大程度上提高配置效率。代码如下:

```
    var option = {
      series: {
        type: 'sunburst',
        data: [{
          name: 'A',
          value: 10,
          children: [{
            value: 3,
            name: 'Aa',
            itemStyle: {
                color: 'red'
            }
          }, {
            value: 5,
            name: 'Ab'
          }]
        }, {
          name: 'B',
          children: [{
            name: 'Ba',
            value: 4
          }, {
            name: 'Bb',
```

```
                value: 2
        }],
        itemStyle: {
            color: 'red'
        }
    }, {
        name: 'C',
        value: 3
        }],
        itemStyle: {
            color: '#aaa'
        },
        levels: [{
            // 留给数据下钻的节点属性
        }, {
            itemStyle: {
                color: 'blue'
            }
        }]
    }
};
```

3. 设置数据下钻

旭日图默认支持数据下钻，也就是说，当单击了扇形块之后，图形将以该扇形块的数据作为根节点，进一步显示该数据的细节。在数据下钻后，图形的中间会出现一个用于返回上一层的图形，该图形的样式可以通过levels[0]配置。代码如下：

```
var data = [{
    name: 'Grandpa',
    children: [{
        name: 'Uncle Leo',
        value: 15,
        children: [{
            name: 'Cousin Jack',
            value: 2
        }, {
            name: 'Cousin Mary',
            value: 5,
            children: [{
                name: 'Jackson',
                value: 2
            }]
        }, {
            name: 'Cousin Ben',
            value: 4
        }]
    }, {
        name: 'Father',
        value: 10,
        children: [{
            name: 'Me',
            value: 5
        }, {
            name: 'Brother Peter',
```

```
          value: 1
        }]
      }]
    }, {
      name: 'Nancy',
      children: [{
        name: 'Uncle Nike',
        children: [{
          name: 'Cousin Betty',
          value: 1
        }, {
          name: 'Cousin Jenny',
          value: 2
        }]
      }]
    }];

    option = {
      series: {
        type: 'sunburst',
        // highlightPolicy: 'ancestor',
        data: data,
        radius: [0, '90%'],
        label: {
          rotate: 'radial'
        }
      }
    };
```

如果不需要数据下钻功能，可以通过将 nodeClick 设置为 false 来关闭，也可以设为 'link'，并将 data.link 设为单击扇形块对应打开的链接。

4. 生成图表

ECharts创建的旭日图如图5-102所示。

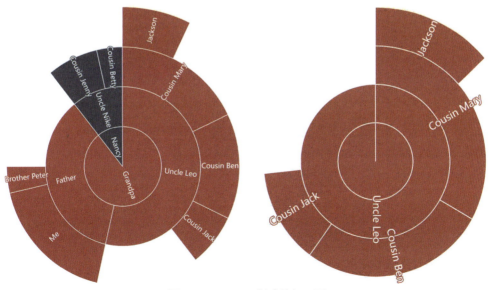

图5-102　ECharts创建的旭日图

📖 数据分享

本章节中应用操作案例所涉及的数据集可按需扫描下方二维码下载。

扫码下载数据

📖 课后习题

1. 请根据图表属性选择合适的数据，利用Excel软件制作相应的数据可视化图表(如气泡图、热力图等)，并适当美化图表。

2. 请登录Tableau官网，在案例库中选择一个数据可视化作品，评价其中的可视化操作方法，总结其故事逻辑与讲述方法。

3. 请任选一个主题，从各种渠道搜集数据，尝试用Tableau Public软件制作一个可视化故事，要求数据准确，逻辑通顺，设计美观。

4. 请登录ECharts官网，在案例库中选择一个较复杂的可视化图表，对照本章节介绍的代码内容，梳理其编程逻辑，尝试替换该案例中的数据和设置，生成新图表。

5. 尝试使用ChatGPT和MidJourney工具生成一个可视化作品。

📖 参考文献

[1] QIAN C, SUN S, CUI W, et al. Retrieve-then-adapt: Example-based automatic generation for proportion-related infographics[J]. IEEE Transactions on Visualization and Computer Graphics, 2020, 27(2): 443-452.

[2] SHI D, XU X, SUN F, et al. Calliope: Automatic visual data story generation from a spreadsheet[J]. IEEE Transactions on Visualization and Computer Graphics, 2020, 27(2): 453-463.

[3] MORITZ, DOMINIK, et al. Formalizing visualization design knowledge as constraints: Actionable and extensible models in draco[J]. IEEE transactions on visualization and computer graphics，2018: 438-448.

第6章 数据可视化陷阱

正如汉斯·罗斯林在《事实》中所写:"离开了数字,我们将无法理解世界。但是我们也不能仅凭数字来理解世界。"因为数据中可能藏有陷阱。数据的可靠性来自两方面:一方面是数据来源的可靠性;另一方面是数据应用的可靠性。当前,各类可视化数据图表不断涌现,各类编码方式层出不穷,即使数据来源真实、可靠,也可能造成数据解读的误区。本章将介绍在数据可视化设计和数据解读的过程中,我们可能会遇到的陷阱,从而避免数据可视化陷阱,正确传达图表中的信息。

6.1 图表使用陷阱

图表虽然能够实现大量数据的可视化,但也有"狡猾"的一面。一个刻度或一个位置的改变,就可能使读者被表象所迷惑,从而对数据产生错误的认知。本节将从图表使用的常见陷阱入手,包括错误使用图表类型、错误使用数据标度、数据特征与图表特征不符、信息呈现不清晰、营造视觉谎言、未清晰传达讽刺意味等方面,分析错误产生的原因,并让读者了解如何在进行数据可视化时避免这些错误。

1. 错误使用图表类型

在可视化设计中,图表类型的选择取决于信息类型和数据性质,错误的图表类型可能会导致读者失去对重要信息的洞察,甚至难以理解设计者试图传达的信息。如图6-1(a)所示,当数据集很大时,散点图的点往往会重叠,乍一看可能会得出横轴和纵轴之间没有明显关系的错误结论,这时应选择密度图(或热力图)加以呈现,如图6-1(b)所示。

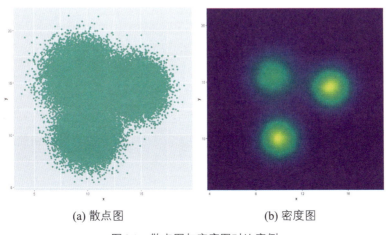

(a) 散点图   (b) 密度图

图6-1 散点图与密度图对比案例

2. 错误使用数据标度

1) 在一个坐标系中使用不同的标度

在同一个坐标系统中使用不同的标度可能会扭曲数据，导致人们误解数据的真实情况，减少比较的有效性。例如，为了庆祝时任市长创造的规模巨大的就业市场，西班牙阿尔科孔市在2014年发布了成年失业人口统计图表[1]（见图6-2）。图表左右两侧似乎互为镜像：前任市长就职期间失业人口陡增，而现任市长就职期间失业人口激降，并且下降的速率几乎与之前增长的速度一致。

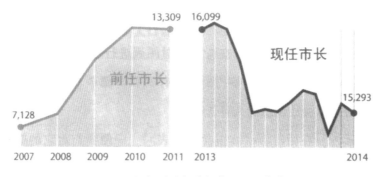

图6-2　阿尔科孔市成年失业人口变化

(图片来源：《数据可视化陷阱》)

但是，当我们仔细阅读左右两边的数据标签和坐标轴尺度后，就会发现事实并非如此，因为左半边图形展示的是年度数据，而右半边图形展示的是月度数据。如果把两边统计图的数据置于同等的横纵坐标之上（如图6-3），失业人口下降的速率曲线明显平缓了很多。

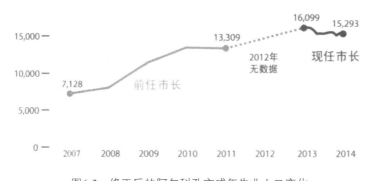

图6-3　修正后的阿尔科孔市成年失业人口变化

(图片来源：《数据可视化陷阱》)

再如图6-4所示，如果不仔细阅读我们可能会认为癌症筛查和预防服务直线减少的同时，堕胎服务在不断增加[2]。但事实并非如此，因为图6-4没有可识别的纵轴，其展现数据的形式造成了对数据的扭曲。

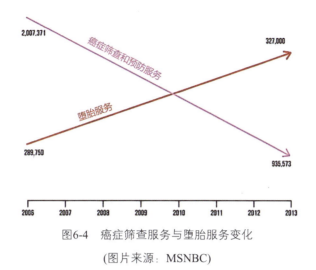

图6-4 癌症筛查服务与堕胎服务变化

(图片来源：MSNBC)

事实上，根据图表上标注的数据，癌症筛查和预防服务的确出现了大幅下降，但是堕胎服务的增长幅度很小。如果用正常的坐标系来绘制这些数据，应该得到图6-5。这个案例启发我们，在设计图表时应该保证各类数据的数据标尺是一致的，这样图表才具有可比性。

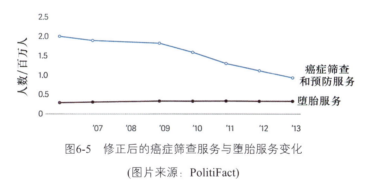

图6-5 修正后的癌症筛查服务与堕胎服务变化

(图片来源：PolitiFact)

2) 使用不合适的坐标尺度

图表的质量取决于数据编码的精准度以及它是否采用了恰当的比例[3]。2015年12月，《国家评论》(National Review)引用了博客@powerlineUS的题为《关于气候变化，你只需要看这张图》的文章，文中的折线图错误地使用了坐标尺度(见图6-6)，把温度上限和下限分别定为100°F和0°F，这是不符合实际情况的。

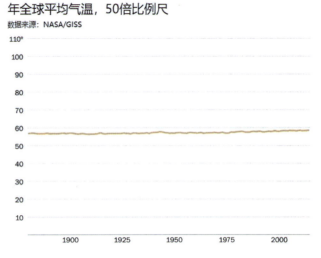

图6-6 引文中的全球年平均温度变化图表

(图片来源：华盛顿邮报)

若想清晰地呈现1880年以来全球年平均温度的变化，设计者应调高纵轴起始数据，选择合理的坐标尺度，如图6-7所示。

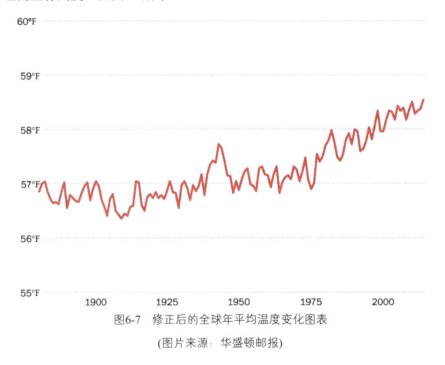

图6-7 修正后的全球年平均温度变化图表

(图片来源：华盛顿邮报)

3) 错误地使用对数刻度

使用对数刻度可以将数值上差距较大的不同数据组呈现在一张图表中。虽然对数刻度在某些情况下非常有用，但有可能使一些读者感到困惑，如果选择使用对数刻度，需要确保读者理解图表的意图，并理解如何解读对数刻度。例如，@Carnage4Life发布在

Twitter上的图表显然误导了人们,因为其未透露使用了对数刻度,压缩了病例数量的实际变化幅度(见图6-8)。修正后的图表如图6-9所示,两张图表形成了鲜明对比。

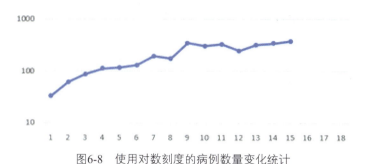

图6-8　使用对数刻度的病例数量变化统计

(图片来源:TechTarget)

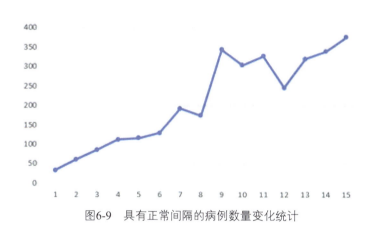

图6-9　具有正常间隔的病例数量变化统计

(图片来源:TechTarget)

4) 错误地截取坐标轴

快速浏览图表时,读者往往没有看坐标轴的习惯,因此错误地截取坐标轴容易造成视觉欺骗。2015年12月17日,Twitter账号@ObamaWhiteHouse发布了一篇《美国高中毕业率创历史新高》的推文,该推文中有一张图表(见图6-10)是对柱状图的一种变形,以"书本"这一图形元素的高度作单位,来反映美国高中的毕业率。但这并不是一个合理的创意,因为图表中数值与高度并没有成正比关系。

为了突出奥巴马任职期间高中毕业率的提升,图6-10截取了部分纵轴,并将横轴的起点定为2007年,造成了视觉上增长量的放大效果,隐藏了美国高中毕业率自20世纪90年代中期起便开始攀升的事实。要想正确反映毕业率变化的真实情况,应该以零作为纵轴起始值,如图6-11所示。

194／数据可视化

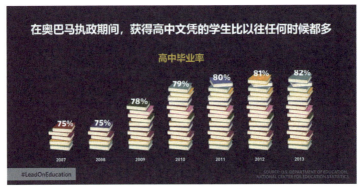

图6-10　2007—2013年美国高中毕业率图示

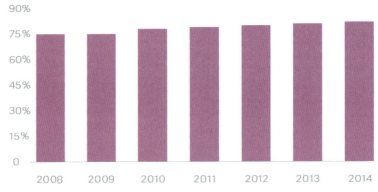

图6-11　纵轴起始值为零的奥巴马任职期间美国高中毕业率柱形图

若要显示一段时间内毕业率的细微差别，更好的呈现方式是选择折线图表，拉长横轴时间线，如图6-12所示。

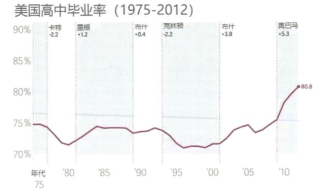

图6-12　自1975年以来美国高中毕业率折线图

(图片来源：Quartz)

如果图表是利用高度本身去呈现数据，那么坐标轴应该从0开始(如柱状图)。如果出现数值太大或者太小、变化又相对细微的情况，可从两方面来处理：一方面，可以对数据进行处理，改变数据尺度(如取对数等)；另一方面，可以改变数据呈现的形式。

但是，并非所有图表的基线都必须是零。例如折线图、散点图等都侧重展现数据的相对位置，可以灵活设置坐标轴的起点，将基线调整至初始数据的水平并不会造成图形的扭曲。例如图6-13这个案例的重点是展现各个候选人在民众心中的好感度变化，因此为了使变化更容易被观察，作者将折线图的基线设为了40%。

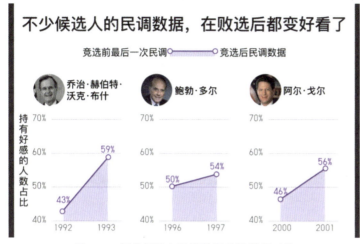

扫码查看

图6-13　部分候选人民调数据败选前后对比

(图片来源：澎湃美数课)

又如图6-14所示，将基线设为14万亿美元，比基线设为0更适合呈现美国GDP变化，修正后的图表清晰地反映了金融危机对美国经济的影响。

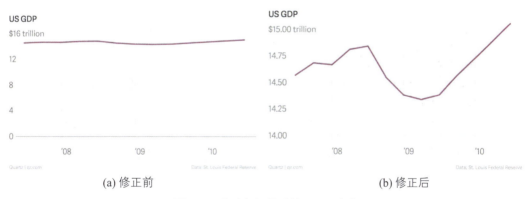

(a) 修正前　　　　　　　　　　　　(b) 修正后

图6-14　金融危机前后美国GDP变化

(图片来源：Quartz)

5) 错误地使用时间旅行策略

时间旅行策略，即日期沿横轴来回跳跃，以产生"楼梯"效果，反映数据随时间的变化，理解时间对数据的影响。但是如果时间顺序混乱，可能会对读者产生误导。疫情期间，一些美国的公共卫生官员被指控混淆感染统计数据，试图给民众留下疫情防控情况良好的印象[4]：图6-15展示了随时间变化的感染人数，乍一看，病例数量似乎真的随着时间推移而下降。

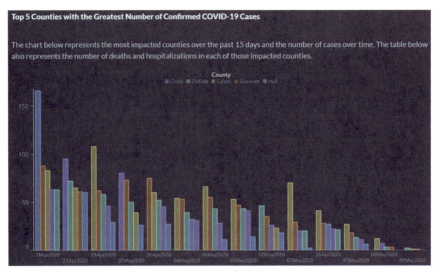

图6-15 佐治亚州病例变化趋势

(图片来源：joeydevilla.com)

然而，当我们仔细观察横坐标就能够发现，此图表不是按时间顺序排列的，而是按降序排列的。之后，美联社重新创建了数据在按日期正确排序时的图表，如图6-16所示。

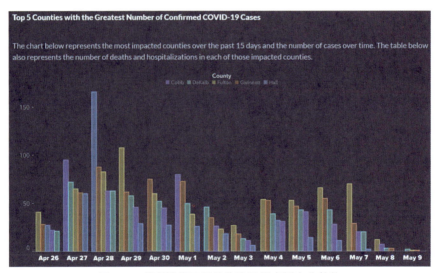

图6-16 美联社修正后的佐治亚州病例变化趋势

(图片来源：joeydevilla.com)

3. 数据特征与图表特征不符

图表类型与数据的特征或属性不匹配会导致呈现效果不佳或无法有效传达数据的含义。这类错误包括数据类型不匹配(如使用折线图来展示分类数据)、数据密度不匹配(如选择过于简单的图表来展示复杂的多维数据)、数据分布不匹配(如使用直方图展示非线性分布的数据)。举个例子，图6-17展示了英国最受欢迎的比萨配料表，但图表存在不易察觉的陷阱，所有选项占比加总之和远远超过100%。

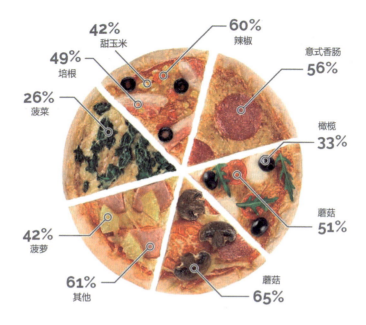

图6-17　英国最受欢迎的比萨配料表

4. 信息呈现不清晰

1) 图表内容过于复杂

数据可视化的目的是减轻读者的认知负担，如果图表过于复杂，就与可视化的目的背道而驰了。例如，Electric Skateboard HQ制作的图6-18比较了各类电动滑板车的属性，目的是方便消费者选购，但是过多的点和难以辨别的文字让信息呈现变得模糊。解决方法是用雷达图展现各种电动滑板车的不同属性，如图6-19所示，这样表现更为清晰，信息更加丰富，令人一目了然。

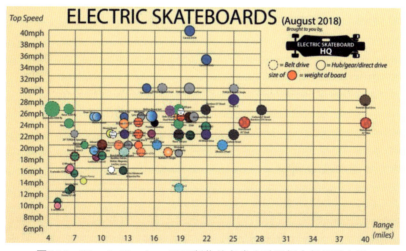

图6-18　Electric Skateboard HQ制作的各类电动滑板车性能散点图

(图片来源：getdolphins.com)

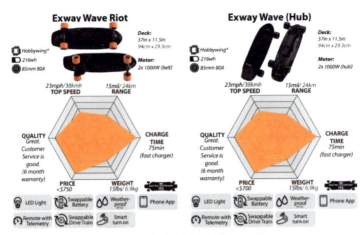

图6-19 电动滑板车性能雷达图

(图片来源：electricskateboardhq.com)

2) 图形呈现与受众认知相悖

图形呈现与受众认知相悖会造成理解上的困难。例如，图6-20给人的直观感受是保守派的数量在不断增长，而自由派的受欢迎程度在不断下降，但实际上是两者都在上升。这种用负百分比和镜像的形式来表示增长，是违反直觉的，增加了读者理解信息的负担。如果要比较不同类别的数据变化情况，应该选择双向条形图，或将所有对象放在一个方向上。

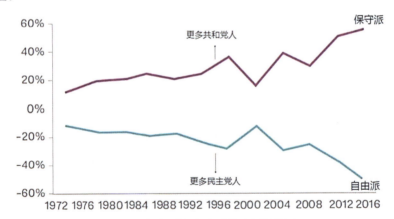

图6-20 保守派与自由派的比例折线图

(图片来源：VOX)

3) 图表元素干扰受众解读

过多或不必要的图表元素(如多余的标签、网格线、边框等)会分散受众的注意力，使其对数据产生困惑或误解。例如，一张呈现儿科床位数和门急诊人次数的可视化图表(见图6-21)中出现了一条不规则的分割线，这条分割线的功能并不明确，干扰了读者对图表信息的解读，使读者产生了多余的遐想。因此，可视化图表呈现应以快速传达准确信息为基础原则，化繁为简。

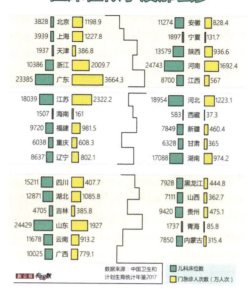

图6-21 2016年第四季度GDP增长评估更新

(图片来源：新京报)

5. 营造视觉谎言

这一陷阱的主要表现是"断章取义"，即作者从整个图表中精心截取某一部分来配合其想要表述的内容。如图6-22(a)看上去有很大数据增幅，但结合图6-22(b)，我们发现，这只是常态，且选定时段内的增幅实际并不明显。所以，设计图表时，应充分考虑历史背景、事件发生频率，合理选择用来比较的基准。

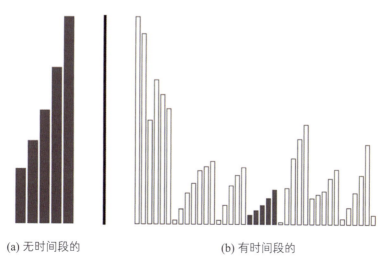

(a) 无时间段的   (b) 有时间段的

图6-22 有限范围案例图

(图片来源：Tech Target)

混淆图表中的面积、长度比例也是一种常见视觉谎言，通常被用于夸大数据的差异，即图形在表达数据变化时存在失真，失真程度可以用爱德华·塔夫特(Edward R. Tufte)提出的畸变因子(lie factor)来进行衡量，公式为"畸变因子=图形显示的效果大小/实际数据的效果大小"。在图6-23中，30是10的3倍，但第三个矩形看起来比第一个大了不止3倍。

图6-23　单一维度上的区域尺寸案例图

(图片来源：Tech Target)

6. 未清晰传达讽刺意味

数据可视化通常是以直观和明了的方式传达事实和数据，然而，在一些案例中，数据可视化被用于传达讽刺意味，但如果这个讽刺意味没有被清晰地传达出来，就可能引起误解。

图6-24的原意是讽刺美联储的货币政策，但该图在客观上，错误地将美联储主席的身高与基准利率波动联系起来，提示当主席较矮时，利率较低。对快速浏览图表或不熟悉事件背景、易混淆因果关系的读者来说，难以读懂设计者想传达的讽刺意味。

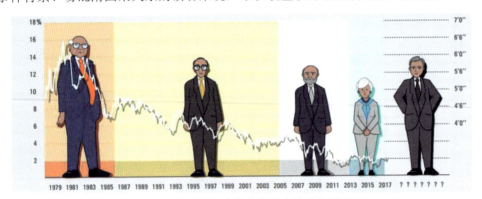

图6-24　美联储主席身高和利率波动的关系

(图片来源：推特)

6.2　数据使用陷阱

数据使用陷阱更多关注在数据分析过程中可能存在的错误，强调对数据的准确理解和正当应用。数据使用方面的常见陷阱包括使用多种数据来源、采用片面的数据、使用错误的数据来描述整体特征、使用错误的方式来转换数据、数据来源不可靠、将百分比视为水平、过度追求"大数据"而忽略"小数据"等几方面。

1. 使用多种数据来源

数据使用的陷阱首先表现为使用多种数据源。即使每种信息来源都是真实、可靠的，但是不同的衡量标准和统计方法依然会造成差异。2015年12月2日，TruthStreamMedia的网站发布了一则报道，声称"奥巴马领导下的大规模枪击案比前四任总统加起来还要多"，其配图见图6-25。但丹·埃文(Dan Evon)认为这是基于双重标准的错误言论，虽然网站提供了汇编该信息的各种数据来源，但是各数据来源对于"大规模枪击案"的定义标准不同，造成了统计标准的差异，扭曲了数据[5]。

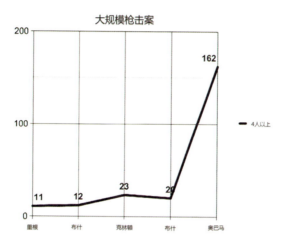

图6-25　总统任期内的大规模枪击案数量变化

(图片来源：Quartz)

如果仅使用来源于美国调查杂志《琼斯夫人》(Mother Jones)的统计数据[6]进行比较(见图6-26)，就可以发现，尽管奥巴马政府领导期间的大规模枪击案有所增长，但是远没有图6-25所示的那么夸张。因此，不同来源的数据不能直接进行比较。

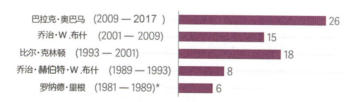

图6-26　修正后的总统任期内大规模枪击案4人或4人以上数量变化

(图片来源：Quartz)

2. 采用片面的数据

图表所采用的数据收集不全或各类样本不足，会导致数据偏颇。一个典型案例就是

"幸存者偏差"(survivorship bias)。亚伯拉罕·沃尔德(Abraham Wald)教授在1943年为作战飞机加强防护时发现，飞行员幸存者统计结果通常是被人为甄别后的"好结果"，因为他们只考虑了返回基地的飞机，而没有考虑那些被击落的飞机。这些好的结果仅仅是总体的一部分，更多"坏结果"被有意忽略了[7]。

此外，采用不合适的分母也是数据使用的主要陷阱之一。图6-27是一张在2015年疯传互联网的联邦支出饼状图，看似展现的是联邦支出的构成，占比最大的是"军事"部分。

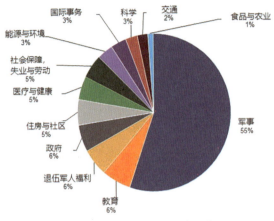

图6-27 修正前联邦支出饼状图

(图片来源：PolitiFact)

但Politifact发现，该图表其实具有极强的误导性，因为它只显示了联邦的可自由支配支出(占联邦总支出的34%)，缺乏包括医疗保险、医疗补助和社会保障在内的强制性支出(占联邦总支出的60%)。提供全面数据后更为准确的图表如图6-28所示。

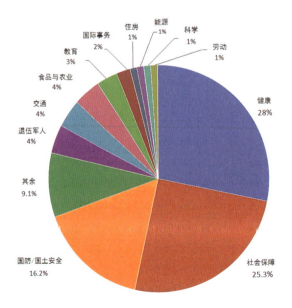

图6-28 修正后的联邦支出饼状图

(图片来源：PolitiFact)

3. 使用错误的数据来描述整体特征

以平均数、中位数、众数为例，这三个统计量通常都用来描述数据的集中趋势，可以作为一组数据的代表值，但是这三个统计量各有特征，适用的情境不同。平均数代表数据总体的"平均水平"，很大程度上受极值影响。中位数代表一组数据的"中等水平"，不受极值的影响。众数是在一组数据中出现次数最多的数，代表一组数据的"多数水平"，有助于聚焦典型结果，具有不唯一性，一组数据中可能会有多个众数，也可能没有众数。

使用平均数来表示整体特征的错误通常发生在"偏斜分布"(skewed distribution)的数据中。例如，我们想要了解一个小镇的居民收入情况，这个小镇上有100个家庭，其中99个家庭的年收入为10万元，而剩下的1个家庭收入为1000万元，远高于绝大多数家庭的实际收入，这时被拉偏的平均数就难以反映这个小镇的真实收入水平。在这种情况下，使用中位数会更加适合。

4. 使用错误的方式来转换数据

为了帮助读者快速理解信息，可视化图表中的数据通常不是原始数据，而是经过计算后的数据。例如，为了呈现总体的分布情况，经常将类别的频数转换为频率。这个过程中存在一个常见的错误，即以百分比直接求平均值。如果各部分在求百分比时所用的基数不同，那么对以百分比求平均值就会带来数据错误。例如，某次考试A班50人有40人及格，及格率为80%，B班40人有30人及格，及格率为75%，如果要求两个班的及格率，直接求及格率的平均数(80%+75%)/2=77.5%就是错误的，正确的算法是回归原始数据重新计算：(40+30)/(50+40)≈77.8%。

5. 数据来源不可靠

数据的真实性是数据可视化可靠性的前提。若缺少对所使用的数据、参考文献来源的说明，数据来源的可靠性便无法得到保证。如图6-29所示，这张题为"6~20岁能够熟练使用方言人群比例"的图表显示，苏州小孩会说方言的比例在全国垫底。

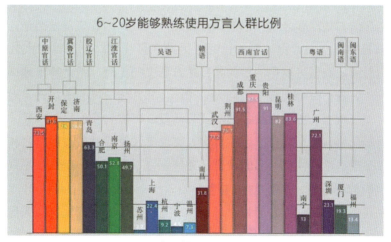

图6-29　6～20岁能够熟练使用方言人群比例

不过，事实真的是这样吗？苏州发布和名城苏州网的记者在城区部分校园老师的配合下，对本地出生学生的苏州方言使用情况做了一个小范围的抽样，对此做出辟谣回应，也提醒网友：要注意数据的原始出处，这是哪里做的调查、调查机构是否权威、调查时是否符合目前的情况、调查的样本量是多少、取样方式是否科学、熟练使用方言的判断标准是什么等问题。

6. 将百分比视为水平

将百分比视为一个连续的量化等级可能会导致对数据的过度解读，因为百分比是一种比例，它表示的是相对大小，而非绝对大小，它们之间的差异可能并不总是具有意义的。明晰百分比和水平之间的分别，对设计师和读者而言都极为重要。

如图6-30所示，在2017—2021年，医疗补助人群中接受性别焦虑症药物和手术治疗的儿童人数激增，远远大于接受性别焦虑症行为健康治疗的儿童，但事实是，这段时间里接受这种手术的孩子数量只是从3个增加到了12个。

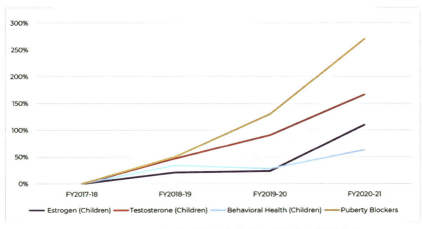

图6-30　2017—2021年接受性别焦虑症治疗的儿童数量变化

(图片来源：theflstandard.com)

7. 过度追求"大数据"而忽略"小数据"

随着数据存储、处理和分析技术的快速发展，大数据的价值日益凸显，人们通常认为大数据能够提供更全面、更准确的信息，因此在可视化时更注重"大数据"而忽略"小数据"。然而，数据可视化的目的是传达有意义的信息，不是简单地展示数据的规模，过分追求"大数据"可能会使我们失去对个体和具体情境的敏感性，对问题的分析停留于表层。"小数据"更强调数据的深度和质量，可以为我们提供对某一特定问题或现象的深入洞察，并且"小数据"往往具有人文温度，更容易被读者关联和理解。

在创作"小数据"可视化作品时我们需要注意以下两点：一是避免小众化的叙事。"小数据"具有较强的针对性，创作者容易陷入小众化的叙事，导致对读者缺乏吸引力或难以产生共鸣，所以创作者应拓宽思路、"见微知著"。例如，个人健康的数据虽小,却可能是国民健康的一个缩影,如果对其进行深入的挖掘,亦能带来无限思考。二是平衡数据形式与故事内容。部分数据可视化作品存在形式大于内容的现象,在没有充足数据作为支撑的情况下,过多着墨于可视化设计,造成视觉上的数据臃肿。因此,"小数据"可视化作品应注重揭示数据表象下的内核,以文"画龙",以图"点睛",帮助读者更好地理解抽象的问题。

6.3 色彩使用陷阱

在数据可视化中,色彩起着至关重要的作用,若是不恰当地使用色彩,不仅不能起到信息传达的作用,还会让观众产生误解。色彩使用方面的常见陷阱包括使用过多色彩、配色过于明亮饱和、颜色无深浅层次、使用错误的颜色、未考虑色盲需求、色相差异与实际数据差异不匹配等。

1. 使用过多色彩

在可视化设计中,我们需要运用一些基本的规则和技巧来提高设计质量,在此过程中应保持设计风格的一致性,尤其是色彩搭配。合理使用不同颜色的组合可以带来惊艳的视觉效果,然而,过多或无意义的色彩也会使图像过于复杂,使信息表达不清晰。例如,图6-31展示了15个国家/地区的卫星数量,运用分类配色方案赋予了每个国家不同的颜色,然而,图6-31(b)图中过多的色彩分类会增加阅读饼图的难度,尤其是卫星较少的国家占比也很小,几乎很难在图表中找到。而图6-31(a)图的可读性更好,详略得当,将卫星数量较少的国家归类在"其他"中。可见,当占比较小的类别不具备重要意义时,可以将其合并为"其他"这一个类别。

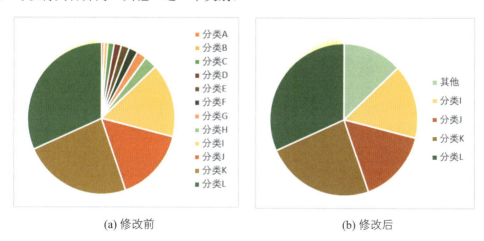

图6-31 前15个国家/地区服务的卫星数量

使用无意义的色彩也是常见的陷阱之一。如图6-32所示，当颜色不传递任何有效信息时，使用单色或"单色+无彩色"能让数据呈现得更加清晰。

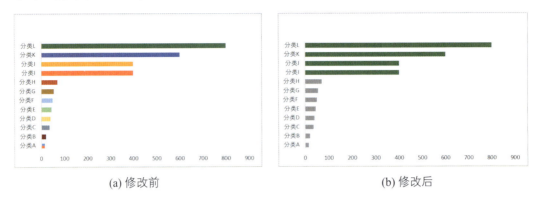

(a) 修改前　　　　　　　　　　　　　　(b) 修改后

图6-32　使用无意义色彩案例

2. 配色过于明亮饱和

虽然鲜艳、明亮的颜色(如荧光色)，在某些情况下能够增加可视化的吸引力，但在数据可视化中最好谨慎使用，因为可能会导致视觉干扰，使观众难以专注于数据本身，从而忽略重要信息，如图6-33所示。因此，设计者要避免使用过度饱和和明亮的颜色填充大面积区域，带来阅读上的障碍。

图6-33　配色过于明亮饱和的案例

(图片来源：Dataquest)

3. 颜色无深浅层次

颜色的深浅通常表示数据的量级，可以帮助读者直观地理解数据的大小，但需要确保浅色代表低值，深色代表高值，否则可能违反读者的认知习惯，使得信息和结论无法通过视觉方式得出。如图6-34所示，通过对比可知，遵循颜色层次的数据可视化更容易被理解。

(a) 修正前　　　　　　　　　　(b) 修正后

图6-34　颜色渐变对比案例(图片来源：Dataquest)

4. 使用错误的颜色

由于色彩具有隐喻与内涵，对颜色的不恰当使用可能会传达出错误的信息。因此，我们需要谨慎地选择色彩，并确保它们适合设计主题，尤其在设特殊主题的可视化图表时，颜色搭配要与主题和故事情绪相符。例如关于灾难或犯罪的可视化作品，应选取低沉、象征悲伤情绪的配色(如黑色、深灰色、暗红色等)，不宜选用过于活泼、鲜艳的颜色(如天蓝色、明黄色、粉红色等)。

5. 未考虑色盲需求

在设计颜色主题时，忽视色盲或色弱用户可能导致他们误解可视化作品中的信息。全世界大约有10%的人口是色盲，为了让每个人都能通过颜色获取准确的信息，首先应避免使用红色和绿色。因为色盲人群只能用明度或亮度来分辨红与绿、蓝与黄等。如图6-35所示，对于同一张地图，在三种不同程度色盲的人眼里是不同的。

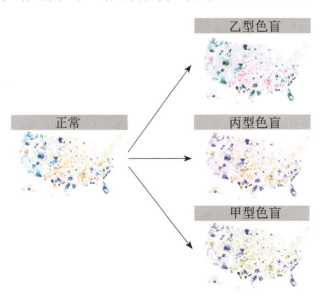

图6-35　不同色盲眼中地图色彩的对比

制图时，应选择具有不同的亮度级别的颜色，以便在将它们转换为灰度时(见图6-36)，用户仍然可以轻松区分它们。

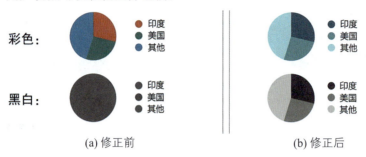

(a) 修正前　　　　　　　　　　(b) 修正后

图6-36　不同亮度图表转换灰度对比

(图片来源：澎湃美数课)

6. 色相差异与实际数据差异不匹配

色相差异与实际数据差异不匹配的情况常常发生在颜色编码的数据可视化中，这种情况可能会夸大数据之间的差异。例如，图6-37利用了彩虹地图的可视化方法，展示了美国各州水资源蒸散总量情况，虽然视觉上很美观，但存在一个严重的问题：图表将美国划分为两部分，右边都是深绿色和蓝色，而左边是浅绿色、黄色和橙色。左、右两边颜色的色差异较大，容易使读者认为美国东西部水资源蒸散总量情况相差很大。而实际上，色相变动非常大的部分对应的数值变动非常小[8]。

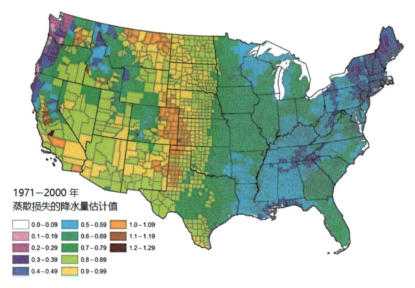

图6-37　美国各州水资源蒸散总量情况

(图表来源：数有范)

6.4 传播过程中的陷阱

由于解读的主观性和复杂性，数据可视化作品在传播过程中也可能存在陷阱，包括脱离原有语境、擅自改动原始数据以及过度解读图表等。

1. 脱离原有语境，导致误解

数据可视化作品在传播的过程中可能会脱离原始的语境，缺乏足够的上下文信息，导致读者对数据解读产生偏差。

2. 擅自改动原始数据，伪造事实

很多图表使用的数据源并不透明，由于数据源追踪困难，有些人可能会有意修改原始数据，伪造事实以达到某种特定的目的，比如支持自己的观点或强调某种偏见。

3. 过度解读图表，误导受众

为了让图表服务于自身的目的，图表使用者经常掉入过度解读图表的陷阱，例如将相关关系强行解释为因果关系，而这也会进一步误导读者。

在疫情早期，美国总统认为病例数量增加是由于核酸检测率较高，在简报会上，声称核酸检测正在"迅速增加"，并发布了图表(见图6-38)[9]来证明自己的观点。虽然检测在这段时间内有所增加，但该图使检测数量看起来似乎呈指数级增长。实际上，该图显示的是累积检测量，而不是每天新测试的数量。

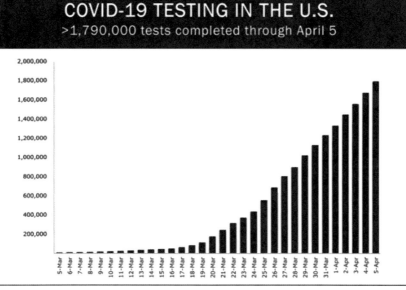

图6-38　美国新冠疫情检测量变化

(图片来源：policyviz.com)

课后习题

1. 请尝试拆解一篇数据可视化作品，分析其设计的优缺点。
2. 数据可视化作品在传播过程中可能会落入哪些陷阱？
3. 图表使用时容易陷入的误区，具体包括哪些？并举例说明。
4. "计算错误、信息折叠、夸大细节以掩盖事实、隐藏数据中不确定性、通过建立虚假关系构建错误因果关系等原因，让数据充满了欺骗性。"某位新闻从业人员承认，在以数据为核心的数据新闻报道中，存在数据偏差问题。除了经常接触的数据新闻，请尝试叙述你在日常生活场景中遇到过的可视化陷阱。
5. 怎样远离数据可视化陷阱呢？请为读者提供5点可行的"避坑"建议。

参考文献

[1] 阿尔贝托·开罗. 数据可视化陷阱[M]. 韦思遥，译. 北京：机械工业出版社，2020：71.

[2] TPM TV. Planned Parenthood's Cecile Richards Shuts Down GOP Chair Over Abortion Chart[EB/OL]. (2015-9-30)[2023-10-30]. https://m.youtube.com/watch?v=iGlLLzw5_KM.

[3] 阿尔贝托·开罗. 数据可视化陷阱[M]. 韦思遥，译. 北京：机械工业出版社，2020：91.

[4] AP NEWS. States accused of fudging or bungling COVID-19 testing data.[EB/OL]. (2020-5-20)[2023-10-30]. https://apnews.com/article/health-us-news-ap-top-news-international-news-virus-outbreak-6dbd9ad370add2ba299c7da46c25004f.

[5] EVON D. Did More Mass Shootings Take Place Under Obama Than Any Other President? [EB/OL]. (2015-12-4)[2023-10-30]. https://www.snopes.com/fact-check/mass-shootings-obama.

[6] MOTHER JONES.US Mass Shootings,1982-2023: Data From Mother Jones' Investigation.[EB/OL].(2023-5-7)[2023-10-30]. https://www.motherjones.com/politics/2012/12/mass-shootings-mother-jones-full-data.

[7] MANGEL M, SAMANIEGO F J. Abraham Wald's work on aircraft survivability[J]. Journal of the American Statistical Association,1984,79(386): 259-267.

[8] 方洁，葛书润，邓海滢，等. 把数据作为方法：数据叙事的理论与实践[M]. 北京，中国人民大学出版社，2023.

[9] C-SPAN. President Trump with Coronavirus Task Force Briefing.[EB/OL]. (2020-5-6)[2023-10-30]. https://www.c-span.org/video/?470990-1/president-trump-coronavirus-task-force-briefing.

附录　数据可视化案例分析

　　数据作为当今社会的重要资源，无所不在，无处不有。沃尔特·白哲特曾言："真正表明渊博知识的是那种突如其来、几乎不假思索地引经据典的习惯，它意味着知识的融会贯通，因为那种习惯只能来自融会贯通。"数据亦如此。大数据时代的到来，让每个人都生产数据、应用数据，大数据帮助我们生活、工作，预测未来趋势，辅助做出重要决策。在过去，经验和直觉主导着决策，但现在，数据能够提供更准确、客观的依据，从而提高决策的成功概率，减少试错成本。数据驱动的决策能够指导我们在纷繁复杂的信息中找到最佳方案，应对难题，赓续文明。

　　数据可视化作为一种数据的图表展示手法，可以让创作者和读者更加直观地认识数据、理解数据、解析数据，进而利用数据、玩转数据。使用数据不仅是基本的内容表达技能，还是一种宝贵的内容思维方式。然而，数据可视化的应用场景宽广，内容形式繁复多样，容易让初入门的数据创作者眼花缭乱，无从下手。因此，本部分以二维码的形式，以时间为轴，以案例为轮，拆解数据可视化的发展脉络，描绘业界的发展蓝图，根据现实范例，在广袤无垠的数据可视化世界中探索。

附录1
历史上经典的
数据可视化
案例分析

附录2
现当代优秀的
数据可视化
案例分析

附录3
国内外大型
数据可视化相关
竞赛概览

附录4
优质数据可视化
品牌概览

附录5
数据可视化的
先锋探索与
展望